国家自然科学基金资助项目(编号:50709030)

高煤级煤储层渗透率的构造—采动控制效应与作用机理

陈金刚　著

U0285799

黄 河 水 利 出 版 社

·郑州·

内 容 提 要

本书基于煤层气试井资料、天然裂隙发育特征以及研究区所处的构造地质背景,系统探讨了构造对高煤级煤原始渗透率的控制作用;运用现代岩石力学理论和方法,探讨了构造对高煤级煤力学性质的控制规律,发现不同构造环境对高煤级煤力学性质会产生显著影响,并且是控制煤储层吸附—解吸变形的重要原因;采用现代物理模拟技术及测试方法,构建了煤基质自调节效应模型,研究了构造—采动耦合作用对高煤级煤储层渗透率的影响;根据煤基质自调节效应模式,首次运用数值模拟技术,系统探讨了煤储层渗透率在排采过程中的动态变化规律,得出煤储层渗透率呈指数形式衰减的重要结论。

图书在版编目(CIP)数据

高煤级煤储层渗透率的构造—采动控制效应与作用机理/陈金刚著. —郑州:黄河水利出版社,2011.9
ISBN 978 - 7 - 5509 - 0099 - 8

Ⅰ.①高…　Ⅱ.①陈…　Ⅲ.①地质构造 - 影响 - 地下气化煤气 - 渗透率 - 研究　Ⅳ.①P618.110.2

中国版本图书馆 CIP 数据核字(2011)第 167905 号

出　版　社:黄河水利出版社
　　　　　地址:河南省郑州市顺河路黄委会综合楼 14 层　　　　邮政编码:450003
发行单位:黄河水利出版社
　　　　　发行部电话:0371 - 66026940、66020550、66028024、66022620(传真)
　　　　　E-mail:hhslcbs@126.com
承印单位:黄河水利委员会印刷厂
开本:787 mm×1 092 mm　1/16
印张:7.5
字数:173 千字　　　　　　　　　　　　　　　　　　印数:1—1 000
版次:2011 年 9 月第 1 版　　　　　　　　　　　　　印次:2011 年 9 月第 1 次印刷

定价:25.00 元

前　言

我国埋深 2 000 m 以浅、含气量 4 m³/t 以上的煤层气资源总量为 14.3 万亿 m³,是 21 世纪我国重要的新型洁净能源和战略资源。煤层气资源的有效勘探与开发,在改善我国目前不尽合理的能源结构、从根本上防治瓦斯事故以改善煤矿安全生产条件、降低因大量甲烷排放而导致的温室效应等方面具有重大意义。美国 2002 年煤层气产量达到 420 亿 m³ 左右,约为我国同期天然气总产量的 1.4 倍,而我国迄今尚未实现煤层气地面规模性开发。

美国通过近 30 年的勘探开发实践,建立了中煤级和低煤级煤层气成藏勘探与开发的系统理论,但长期将高煤级煤层气藏视为煤层气勘探开发的"禁区"。迄今为止,世界上尚无成功开发高煤级煤储层中煤层气的先例。我国高煤级煤地区煤层气资源量巨大,约占全国煤层气资源总量的 1/3,具有极大的资源价值和开发潜力。我国近年来在沁水盆地的勘探与开发试验成果,不仅预示出我国高煤级煤地区良好的煤层气开发前景,也对传统煤层气勘探开发理论构成了极大挑战,为我国煤层气工业界和学术界提出了重大研究课题。

煤储层渗透率是决定煤层气资源开发成败的关键参数之一。先期研究表明,高煤级煤储层渗透率显著地受控于构造作用,并在开采过程中不断发生变化。然而,国内外迄今对高煤级煤储层渗透率的受控规律与机理知之甚少,在构造—采动耦合过程中对煤储层渗透率动态作用机制方面几乎没有开展专门的研究工作。第一,我国在高煤级煤地区打出了煤层气井,但对其机理在理论上还未形成深刻认识,对地面开采的可持续特性也缺乏有效的预测理论与方法。第二,对煤储层渗透率动态变化规律和机制尚缺乏科学的试验依据,难以构建煤储层精细数值模拟的模型与方法。第三,关于不同构造环境对煤储层原始渗透率以及动态变化控制规律的差异性,目前基本上仅停留在概念或总体认识阶段,构造与采动因素耦合效应对煤储层渗透率动态变化规律控制特征的研究成果目前尚未见报道。

鉴于此,本书以试井和生产排采资料为基础,以多相介质煤岩体力学的物理模拟、煤储层数值模拟等为主要手段,采用煤层气地质理论与生产实际相结合、物理模拟与储层模拟相结合、静态模拟与动态模拟相结合等多方位的研究方法,针对上述问题较为系统地开展了分析与探讨。通过研究,力图在高煤级煤储层地质理论研究方面有所进展,并期望研究成果能对我国高煤级煤层气藏的经济高效开采有所贡献。

本书共分 6 章,各章撰写人员为:前言,陈金刚;第 1 章,陈金刚、杨俊丽;第 2 章,陈金刚;第 3 章,陈金刚、杨俊丽;第 4 章,陈金刚;第 5 章,陈金刚、杨俊丽;第 6 章,陈金刚。

书中疏漏和不妥之处,敬请读者批评指正。

作者
2011 年 7 月

目　录

第1章 绪 论

1.1 研究背景及意义

美国是目前世界上唯一成功地实现了煤层气商业化开发的国家,形成了关于煤层气产出过程认识的突破,建立了中煤级煤煤层气成藏与开发的系统理论,为美国煤层气成功开发提供了理论基础。但是,高煤级煤储层长期被视为煤层气勘探开发的"禁区",而我国在煤层气勘探开发实践中却在高煤级煤地区打出了高产煤层气井,并显示出良好的煤层气勘探开发前景,对传统煤层气理论提出了极大挑战。

我国高煤级煤资源量巨大,占全国煤炭资源总量的 27.60%(孙万禄,1999)。同时,高煤级煤储层中煤层气资源量约占全国煤层气资源总量的 1/3,资源潜力巨大。我国高煤级煤地区存在诸多有利区块,例如以高煤级煤为主的沁水盆地是我国近年来煤层气勘探开发活动最为活跃的地区,极具勘探开发价值。但是,高煤级煤储层渗透率普遍较低,气产量衰减较快,严重影响了我国煤层气工业形成的步伐。针对我国煤储层特有的地质背景条件,建立和发展适合我国的高煤级煤层气地质与勘探开发理论,是我国煤层气地质工作者面临的重大课题。在煤储层的诸多物性参数中,渗透率是决定煤层气勘探开发成败的关键参数,显著受控于构造作用,并在煤层气开采过程中不断发生变化。但是,国内外迄今对煤储层渗透性特征和机理仍不完全明了,尤其是对其随开采过程的动态变化规律及其原因极少开展研究工作。

沁水盆地是我国高煤级煤贮藏量最大的盆地,高煤级煤储量达 $1\,885.66 \times 10^8$ t,占整个盆地煤炭资源量的 96.48%。沁水盆地煤层气资源量巨大,埋深 2 000 m 以浅、风化带以深、含气量在 4 m^3/t 以上资源量达 3.28 万亿 m^3,占全国同样标准评价煤层气资源总量的 22.87%(叶建平等,1998)。沁水盆地是我国目前煤层气研究与勘探开发试验程度最高的盆地,国内有关单位和个人在此实施了大量基础或应用研究课题,中联煤层气有限责任公司、中国石油天然气总公司、晋城矿务局等单位先后施工各类煤层气井 62 口,其中晋试 1 井、屯留 3 井、屯留 6 井、屯留 7 井等获得日产 10 000 m^3 以上的高产气流,在此基础上探明我国首批煤层气探明储量为 754 亿 m^3。目前,中联煤层气有限责任公司已完成枣园示范区共 40 口煤层气开发井的设计,并相继投入施工,有望在我国建成第一个大规模煤层气商业化开发基地。

为此,选择沁水盆地为主要研究对象,致力于探讨相关理论和实践问题,期望通过研究揭示高煤级煤储层渗透性分布与变化规律的内在原因,为我国极具潜力的高煤级煤层气资源勘探开发提供科学依据和可行途径。

1.2　研究现状

1.2.1　煤储层渗透率研究现状

1.2.1.1　地质背景条件与煤储层渗透率

煤储层渗透率对应力最为敏感,中国煤储层渗透性的决定性因素是原地应力状况(叶建平等,1998)。地应力由大地静应力场和构造应力场叠加而成,因而地应力对渗透率的影响,既反映上覆岩体对煤层的垂向作用力,也反映水平构造应力的作用。Somerton等(1975)发现,有效应力与渗透率之间存在幂函数关系,渗透率随有效应力的增大而减小。Harpalani(1993)、Carman(1997)等对应力作用下煤体瓦斯流动特征进行了一定程度的研究,邓广哲(2000)开展过煤层裂隙应力场控制渗流特性的模拟研究。

煤层的渗透率随埋藏深度的增加呈指数降低(McKee,1987,1998;张彦平,1996)。最新资料表明,深度—渗透率关系实际上要复杂得多,局部应力以及渗透率的增高都将对它产生重大的影响。我国煤储层渗透率随埋深的增大表现出减小的总体趋势,但渗透率的分布比较离散,随深度的增加,渗透率表现为减小、增大和不随深度变化等三种情形(叶建平,1999)。

构造应力场对煤层渗透率的作用十分显著。当构造应力场最大主应力方向与储层的优势裂隙组发育方向一致时,裂隙受到张应力的作用,裂隙的宽度增大,渗透率增高;当构造应力场最大主应力方向与储层的优势裂隙组发育方向垂直时,裂隙受到压应力的作用,裂隙的宽度减小,渗透率减小。秦勇(1999)通过对现代构造应力场主应力方向与煤储层天然裂隙优势发育方向之间相互关系的研究,提出了现代构造应力场对煤储层渗透性的控制机理,并预测了可能具有较高渗透率的煤储层分布区带。

构造挤压区、逆冲推覆带、不同方向断裂结合部位,是构造应力集中的地区,往往也是低渗透率分布的地区;构造应力松弛,转折端是低应力的分布区,往往也是煤层高渗透率的分布区。Decker等(1989)指出:应力松弛地区渗透率高,深度增加,渗透率变化幅度不大;正常应力地区渗透率中等,深度增加,渗透率减小;高应力区渗透率较低,深度增加,渗透率急剧减小。

构造活动是产生煤储层次生裂隙的主要因素,对煤层气的高产富集既有建设性的作用,也有破坏性的作用。适度的断裂和褶皱可以增加煤层的裂隙密度,提高渗透率,次生裂缝发育带也就是高渗透煤储层发育地带。地质构造也是增大渗透率的主要因素,构造裂缝带的煤层渗透率大。如美国圣胡安盆地裂缝渗透率增大主要发生在紧密褶皱区和众多的小褶皱中。煤系地层的差异压实同样可以增大渗透率,差异压实高角度切割面裂隙,连通了面裂隙并形成了裂缝,增大了渗透率(钱凯等,1996)。

关于煤样渗透率与应力状态的关系,国内外学者已作过不同程度的研究(Harpalani,1985;Karn,1975;林柏泉,1987)。余楚新(1994)对同一向斜不同部位的煤样进行了渗透性实验,发现在卸载过程中煤样渗透率大部分得以恢复,但有一滞后值;煤样渗透率随空间和时间的变化而存在差异,这种差异与地质构造部位有密切关系。但关于不同构造形态、不同应力场环境下煤岩渗透特性的研究,目前还未见报道。至于不同区域应力环境下,煤岩表现出的力学特性对煤岩渗透性能的影响,更未见及报道。

1.2.1.2 煤储层自身特征与煤储层渗透率

煤层天然裂隙系统是控制煤储层渗透率的直接因素,渗透率的增加主要来自煤中天然裂隙的贡献。但是,裂隙空间分布的不均一性,造成不同地区裂隙对煤储层渗透率的贡献程度有所不同。美国矿业局发现,面裂隙方向与端裂隙方向的渗透率之比高达17:1,垂直面裂隙方向钻孔的产气率是平行面裂隙方向的3~10倍(Laubach,1998),反映出渗透率具有的强烈取向性或各向异性。煤层渗透率与裂隙宽度的三次方成正比,与裂隙间距成反比,天然裂隙宽度对渗透率起着关键性的控制作用(Levine,1996)。陈金刚等(2002)基于煤层裂隙渗透率的各向异性,在现场利用垂直和平行面裂隙两个方向钻孔抽放煤层气,结果表明,两个方向钻孔的初始瓦斯抽放百米流量的比值为1.2,垂直方向的衰减系数比平行方向减少了53.7%,且抽放量在任何时期垂直方向都大于平行方向。Scott(1996)开展了利用微生物技术沿着裂隙把煤转化为气体的实验,认为去除孔隙填充物、增加裂隙孔径的方法,是提高煤储层渗透率、增加煤层气产量的可行途径。

大量研究表明,不同结构类型的煤体,其渗透性各不相同。原生结构和碎裂结构的煤层,遭受构造破坏轻微,裂隙连通性好,具有较好的渗透性。适度的构造破坏,有益于煤层裂隙的发育,使渗透性变好。而煤体原生结构遭受严重破坏的以碎粒结构、糜棱结构为主的煤层,其渗透性显著变差(王生全,1997;吴频,1997;盛建海,1997;池卫国,1999;雷崇利,2001)。煤体结构特征是影响煤层渗透率的重要因素,构造裂隙的发育和适度的煤体破碎能大大改善煤层的渗透性能,从而提高煤层气的产出能力(赵明鹏,1996)。

煤储层渗透率与煤化作用程度有密切关系。关于煤级与煤储层渗透率的关系,目前已形成了较为一致的认识。概括来说,低煤级煤(褐煤、长焰煤)孔隙度大,孔隙喉道半径较大,煤层渗透率最高,中煤级煤次之,高煤级煤渗透性较差(关德师等,1995)。杨起院士等(2000)基于华北煤变质的特点,指出区域岩浆热变质作用有利于提高煤储层的渗透率,并对其作用机理进行了较为深入的探讨。

Symth等(1993)通过对澳大利亚悉尼盆地南部布里煤层的研究发现:富镜质组(光亮)煤的渗透率是富惰质组(暗煤)煤的10倍;镜质组含量与裂隙发育程度之间的正相关关系十分显著,镜质组含量越高,内生裂隙就越发育,煤层渗透性就越高;显微煤岩类型在煤层中的分布规律有可能被用来预测煤层的渗透率,不同煤岩类型在垂向上的交替是造成煤层渗透性垂向分布非均质性的重要原因。Clarkson等(1997)研究加拿大白垩系烟煤时认为,煤的渗透率随煤岩类型的递减顺序为光亮煤、条带状煤、丝炭、条带状暗煤、暗淡煤。

煤储层厚度同样与裂隙发育的间距和高度具有一定关系(Close,1993;张胜利等,1995),而天然裂隙极度发育的构造煤发育程度却随煤储层厚度的增大而增强(叶建平等,1998),由此影响到煤储层渗透率的高低。秦勇等(2000)分析华北晚古生代47层煤的试井资料发现,煤储层厚度与渗透率的关系明显分布在两个区域,或呈现出两种截然相反的分布趋势,进而提出了原始渗透率 0.5×10^{-3} μm^2(而不是国外的 1.0×10^{-3} μm^2)可能是我国煤储层渗透性重要商业评价标准的新观点。就构造煤发育的煤储层而言,煤厚与渗透率之间表现出负相关趋势。但从构造煤不发育的煤储层来看,当渗透率小于0.5

$\times 10^{-3}$ μm^2 时,煤层厚度增大,渗透率总体上有增大的趋势;在渗透率大于 0.5×10^{-3} μm^2 时,渗透率随煤厚的增大却反而降低。由此指出:构造煤发育的煤储层,渗透率受沉积作用与沉积期后构造作用的综合影响;对于渗透率小于 0.5×10^{-3} μm^2 的构造煤不发育煤储层,沉积作用通过煤厚对天然裂隙发育程度的控制而影响到渗透率的高低。然而,对于渗透率大于 0.5×10^{-3} μm^2 的煤储层,上述负相关趋势仅用沉积作用显然无法解释,表明地应力控制之下的裂隙闭合度、煤级和煤岩组成控制之下的裂隙发育密度等因素可能起着更为重要的控制作用。

对于煤层气开发过程中煤储层渗透性的变化规律和原因,不同学者认识不一。于不凡(1985)指出,煤层瓦斯排放后,在三维应力作用下,能够产生煤基质收缩变形的说法尚缺乏足够的证据。周世宁(1978)、李瑞群(1978)在解释中梁山煤矿长时间预抽瓦斯后煤层透气性和抽出量不断增加这一现象时,推测煤基质收缩会引起地应力降低,但对于预抽瓦斯后应力降低值在地应力中所占比重及所带来的影响还不能搞清楚。刘玄恭(1989)在研究中梁山、北票、六枝等矿井瓦斯抽放效果时,认为瓦斯抽放后煤分子直径缩小,煤体产生收缩变形(1.6‰~2.5‰),煤体中裂隙、孔隙相对增大,煤层透气性显著提高(4.9~124.3倍)。屠锡根(1981)在研究阳泉煤层瓦斯抽放参数时,将卸压区渗透系数平均值大小确定为初始渗透系数的3倍。余申翰(1981)则认为煤体收缩使煤体中裂隙增加和扩大,或者产生新的裂隙,使煤的透气性提高,或重烃因压力降低由液态转为气态,导致抽放量增加。

1.2.1.3　煤储层渗透率物理模拟实验

日本学者大冢一雄(1982)、氏平增之(1985)利用毛细管模型研究了成型煤样渗透率随荷载和煤粒大小的变化关系,并就孔隙压缩系数对渗透率的影响进行了研究。Harpalani 等(1985)研究了含瓦斯煤样在受载状态下的渗透特征。某些研究者发现:煤样在加载过程中,渗透率与有效压力的关系符合负指数方程,而在卸载的过程中符合负幂函数方程(Somerton,1975;林柏泉等,1987;罗新荣,1991;赵阳升,1994);煤样渗透率在加载时随压力的增大而减小,在卸载时随压力的降低而增大,渗透率不能够全部恢复,存在滞后现象(罗新荣,1992;余楚新,1994)。李树刚(2001)的实验表明,煤样渗透系数随应力增加并非一直呈负指数规律降低,渗透系数在应力进入弹塑性阶段后趋于增长,接近峰值应力时急剧增长,至峰值强度后仍继续增长,但增长速度减缓。

鲜学福等(1993)探讨了煤样渗透率与地应力、孔隙压力、温度、地电场等参数的关系。段康廉(1993)、赵阳升等(1994)发现,在三轴应力下,煤体渗透系数随体积应力的增加而减少,随孔隙水压力的增加而增大,呈现出指数规律。Gash 等(1991)、Puri 等(1993)、Harpalani(1993)分别研究了煤储层裂隙孔隙率、绝对渗透率及相对渗透率等参数特征、相互关系及与围压的关系,探讨了储层压力、裂隙频率、煤基质收缩率等对渗透率的影响。傅雪海等(2001,2002)基于多相介质力学试验,建立了应力与裂隙宽度之间的数学模型和数值模拟方法,借鉴裂隙岩体渗透率张量公式,结合浅部煤裂隙观测资料,对沁水盆地深部煤储层渗透率进行了预测;采用了控制有效应力的方法消除了因流体压力降低和气体解吸引起的渗透率变低问题,利用克林伯格公式校正了气体滑移的影响。结果表明,渗透率增量随绝对渗透率的增加而增大,随流体压力的减少呈对数形式减少;在有效应力不变的情况下,流体压力越小,滑脱效应越明显,所引起的渗透率增量越大,氮气的滑脱效应大于甲烷的滑脱效应。

关于含气煤样力学性质,包括应力—应变特性,前人已做过大量卓有成效的研究工作。氏平增之(1986)在围压不变的情况下,进行了不同氮气孔隙压力的三轴压缩试验,研究了孔隙压力与煤强度的关系。周世宁等(1988)通过对原煤样及模拟煤样进行三轴压缩试验,得到煤体强度与孔隙压力和侧向压力间关系的回归方程。赵阳升(1992)研究了不同围压、不同孔隙瓦斯压力对煤体的强度及弹性模量的影响。林柏泉等(1986,1987)、Sun(1990)、梁冰等(1995)、金法礼等(1999)、申卫兵等(2001)、孟召平等(2002)对自然煤样的力学性质作过不同程度的研究。傅雪海(2001)分别对自然煤样、饱和水煤样、气水饱和煤样的力学性质进行了对比分析。余楚新(1994)对同一向斜不同部位煤样进行了力学特性实验,结果表明,含瓦斯煤样的弹性模量和泊松比随取样点构造部位的不同而有所变化,但规律不是十分明显。

1.2.1.4 煤储层渗透率数值模拟

关于储层压力对渗透率的影响,不同学者得出了不同的结论。林伯泉(1987)认为,围压小时,在同样的孔隙压力下,变形值大的煤样,渗透率也大;当围压大时,变形值愈大,其渗透率愈小。Patching(1991)的进一步实验指出,克林伯格效应只有当储层压力低于60Psi(约0.4MPa)时才比较吻合。Puri(1993)实验表明,渗透率随储层压力衰减而减小。克林伯格实验表明,随着储层气体压力的降低,产生气体滑脱效应,即气体分子与流动路径上的壁面相互作用引起克林伯格效应,渗透率逐渐增大。

以上研究表明,不同围压下储层压力对渗透率的影响不同。很多学者在研究裂隙岩体时借用太沙基(1923)在研究松散结构体时提出的有效应力概念和形式,Robinson(1959)、Skemption(1960)、Handin(1963)对这个形式作了修正,即:$\sigma_{ij}' = \sigma_{ij} - \alpha P \delta_{ij}$。式中:$\sigma_{ij}'$为有效应力张量;$\sigma_{ij}$为总应力张量;$P$为孔隙压力;$\delta_{ij}$为 Kroneker 符号;$0 \leqslant \alpha \leqslant 1$ 称为等效孔隙压缩系数,它取决于岩石孔隙、裂隙发育程度。大多数学者(如 Levine,1996;张遂安,1997)将 α 取为1,段康廉(1993)、赵阳升(1994)认为 α 是作用于煤体上的体积应力与孔隙压力的双线性函数,是在轴压和侧压条件下,将孔隙压力稳定在某一确定数值(即流体不发生流动),测量孔隙压引起的变形,通过反演而得到的,其值变化于 0.078 ~ 0.88 之间。

Durucan 等(1996)引用 Kozeny(1996)的经验应力—应变关系式,即 $K = K_0 \exp(-3C_p \Delta \sigma_e)$($K$ 为渗透率,K_0 为初始渗透率,C_p 为孔隙压缩系数,$\Delta \sigma_e$ 为从初始应力状态到给定应力状态应力的变化量),发现煤的渗透率随有效应力的增加而呈指数降低。段康廉(1993)、赵阳升等(1994)指出,有效应力对煤岩体渗透率的影响随体积应力和孔隙压力的变化而变化。其实他们是以瓦斯介质进行试验的,α 值或多或少包含有吸附介质的成分,即煤基质收缩与膨胀的影响,只是没有注意到而已。

从以上可以看出,引用有效应力仍然难以模拟渗透率的变化,还必须考虑煤基质收缩效应的影响。Levine(1996)认为,煤基质收缩量大的煤储层,其渗透率有增加的趋势;煤基质收缩量小的煤储层,渗透率增加与煤裂隙压缩渗透率减少正好相互补充。Schranfnaged 等(1989)认为,煤层气产气高峰期,孔隙压力降低、有效应力增大、孔隙体积压缩的负效应,使煤的渗透率降低了15%,而同期气体脱附和基质收缩的正效应所导致的渗透率却增加了60%。

在煤层气储层模拟方面,中国新星石油公司华北石油局(1996)在联合国资助下,利用柳林地区的资料开发研制了储层模拟软件;骆祖江(1998)开展了煤储层两相流的研究,建立了煤层甲烷生成模型、煤层甲烷赋存运移模型和散失模型,并用建立的模型评价预测了煤层气井产量。煤层甲烷动力学模型的研究始于20世纪80年代末,当时的动力学模型为平衡吸附模型,忽略了煤层甲烷的解吸过程,不能客观反映解吸时间,造成煤层甲烷产量预测值高于实际产量。进入20世纪90年代,随着对煤层甲烷赋存运移机理研究的不断深入,又提出了非平衡吸附动力学模型,认为煤层为双重孔隙介质,煤基质中发育有丰富的微孔隙,煤层甲烷主要以物理吸附形式赋存在煤基质内表面上,面裂隙和端裂隙构成了煤层甲烷运移的基础,考虑了煤层甲烷的吸附作用及由微孔隙到裂隙的扩散过程,较好地反映了煤层甲烷在煤层中的赋存及运移机理,因而得到了普遍关注。此类模型,以目前的COMET模型和COALGAS模型为代表。1995年,经过改进后的COMET2出台,它采用全隐式求解方法,提高了模型的稳定性和运行速度,属于三维、两相、双孔隙的储层模拟器,用以模拟煤层或者常规储层的气、水产能。

关于储层模拟参数的研究,目前多侧重于参数敏感性分析,即通过对各个参数的不同取值,输入储层模拟器中,考察不同参数取值对气水产量的影响程度或幅度。对于历史拟合,现有研究思路或方法是根据煤层气井排采资料数据,由气水量、动液面高度、套压等参数建立工作制度,在模拟器中输入储层原始数据,不断调整较为敏感和排采中易变的参数值,直到使气水产量、累计气水产量达到较好的拟合效果,这时的储层各个参数值作为储层模拟的参数值,目的是对试井及实验室等方法测得的参数值进行校正。

目前研究认为,在煤层甲烷开采过程中,煤储层渗透率一方面随储层压力降低、有效应力增加、裂隙孔隙度降低而变小,另一方面由于煤基质内部气体解吸释放、煤基质收缩、裂隙孔隙度增加而增加。根据美国有关资料,后者的作用比前者大得多(王洪林等,2000)。关于渗透率动态变化分析,多从实验室角度进行研究,至于利用数学语言、数学模型等数学工具对储层参数动态变化规律的研究探索,尤其对渗透率这个对气水产量具有关键控制因素的动态变化情况以及不同构造环境下渗透率动态变化规律的研究,国内外尚未见报道。

1.2.2　高煤级煤层气地质研究进展及趋势

高煤级煤(high-rank coal)也称作高煤阶煤,处于煤热演化系列中的高级阶段。高煤级煤系指镜质组最大反射率大于2.0%的煤(秦勇,1994;韩德馨等,1996),包括目前我国惯称的贫煤、无烟煤和超无烟煤。在国际标准化组织标准草案(ISO/DIS 7401/1)中,将高煤级煤定义为无烟煤(anthracite),镜质组反射率大于2.0%。

美国在先期煤层气勘探开发进程中,无论是在基础研究还是生产实践方面都付出了极大的代价,在中煤级煤储层中实现了煤层气的成功开发,建立了中煤级煤层气成藏与开发的系统理论,为世界上其他主要产煤国煤层气开发奠定了理论和工艺技术基础。但是,美国煤层气地质背景条件相对简单,高煤级煤储层裂隙不甚发育,渗透率相对较低,因而长期视高煤级煤为煤层气勘探开发的"禁区"。20世纪90年代以来,随着煤层气工业的迅猛发展,美国煤层气资源的评价和开发活动不再局限于中煤级煤,逐渐扩展到低煤级煤和高煤级煤。

关于高煤级煤储层特性,国内外进行了长期的探索,分别在高煤级煤的物理性质、显微组成特征、化学结构以及研究方法等方面取得了卓有成效的研究结果。秦勇(1994,1995,1996,1998)首次提出了中国高煤级煤显微组分划分命名系统,建立了新的显微组分以及光性演化模式,探讨了高煤级煤大分子结构、孔隙等演化的阶段性和阶跃性,提出了高煤级煤孔径结构自然分类系统,为高煤级煤储层特征研究提供了一定基础。秦勇等(1998,1999,2000,2002)探讨了沁水盆地石炭二叠系煤储层的物性特征及其分布规律,研究了盆地中、南部现代构造应力场特征与煤储层天然裂隙发育特征之间的相互关系,探讨了现代构造应力场最大主应力差对高煤级煤储层渗透性的控制机理,并预测了可能具有较高渗透率的煤储层在空间上的展布规律。傅雪海等(1999,2000,2001,2002)通过多相介质力学模拟实验,研究了沁水盆地煤基质的自调节效应及对渗透率变化所可能造成的影响,基于弹塑性力学原理建立了煤储层渗透率的预测模型,并对盆地煤储层渗透率的三维空间分布特征进行了预测。

我国复杂的构造地质背景条件以及中—新生代的岩浆活动,使我国煤的演化呈现出多阶段、多热源叠加变质的特点(杨起等,1996)。我国煤层气地质研究者通过不懈的探索,揭示出我国高煤级煤地区具有较高的煤层气资源潜力和开发潜势。中国矿业大学煤层气地质课题组自1994年以来的60余篇研究论文揭示了我国高煤级煤地区煤层气开发有利地带除具有煤储层含气量高、裂隙较为发育以及渗透率相对较高外,通常还具有含气饱和度极高、解吸压力高、采收潜势大、相渗透率高、孔容较大、过渡孔和微孔较为发育等有利条件。

在高煤级煤层气成藏作用方面,我国研究者近年来也开展了一定程度的研究工作,考虑特定的主控地质因素组合,在煤层气成藏类型、控制因素、与煤层气高产富集的关系等方面取得了一定认识。鉴于沁水盆地的具体条件和勘探成果,综合考虑主应力差、地下水动力场、埋深三个主控因素(秦勇等,1999,2002),提出了有利于煤层气富集高产的八种成藏模式,认为高主应力差—滞流封闭—浅埋类型对煤层气富集高产极为有利,中主应力差—缓流封闭—中埋类型较为有利,中主应力差—缓流封闭—深埋类型可能有利。

值得强调的是,我国率先在世界上开展了煤储层地质演化史数值模拟的研究,初步建立起适用于高煤级煤盆地煤层气地质条件的数学模型和模拟方法,并通过对沁水盆地的实例研究,获得了某些有意义的新发现或新认识(韦重韬,1998,2002)。例如,由于烃浓度封闭效应,多煤储层中煤层气扩散散失强度要低于单一煤储层,内部煤储层扩散强度低于边界煤储层;煤储层内游离甲烷在地质历史中可出现一个或多个峰值,峰态随含煤地层中煤储层组合不同而有差异;盖层突破散失作用具有突发性和脉动性的特点,通常出现在异常古地热场条件下的生气高峰时期;煤储层压力下降或构造应力场由张性转化为压性条件,会导致煤储层裂隙系统关闭并使煤层气渗流运移作用停止,渗流运移散失作用具有速度快、时间短的特点;在整个地质演化历史过程中,煤层气的渗流散失强度要低于扩散散失强度。基于这些认识,提出了煤层气地质历史复式演化模式。

高煤级煤储层中煤层气的开发,目前在世界上还没有成功的先例。高煤级煤储层中内生裂隙不发育或消失,导致煤储层渗透性变差。而与煤层气产出机理完全相同的美国密执安盆地页岩气的成功开发和我国高煤级煤储层中产气的突破,使人们逐渐认识到,高煤级煤储层中的煤层气能够凭借适当发育的天然裂隙和人造裂隙而大量产出,构造地质背景条件与高煤级煤储层裂隙发育特征的有利匹配,使得高煤级煤层气资源具有较高的开发潜势。因此,高煤级煤层气地质研究近年来逐渐受到关注,研究工作目前已从基础地质、资源地质、地质选区、开发地质等角度在我国全面展开,相信在不远的将来会取得系统而深入的研究成果,形成适用于我国地质条件的煤层气地质理论体系,推动我国煤层气工业的尽快形成与发展。

1.2.3 存在的主要问题

发现问题是解决问题的基础,分析本研究方向存在的问题,有利于本书研究工作的科学定位和正确切入。总结目前研究现状可以看出,前人在地质背景条件、煤储层自身特征对渗透率的影响、煤储层渗透率物理模拟实验、煤储层渗透率数值模拟等方面进行了大量研究工作,取得了诸多卓有成效的研究成果,对煤层气资源勘探开发起到了巨大的指导作用。但是,先前对煤储层渗透性的研究多侧重于渗透性影响因素、渗透率经验计算或煤层渗透率与各单因素之间静态关系,对高煤级煤储层渗透率的受制规律与机理研究较少,在构造—采动过程中对煤储层渗透率动态作用机制等方面几乎未见成果报道。

第一,对高煤级煤储层物性及其控制因素和机理认识不够深入全面,导致形成了高煤级煤层气资源难以开发的传统观念。美国的高煤级煤层气资源难以开发,主要是因为受深成变质作用的高煤级煤储层遭受强烈压实,裂隙不甚发育,渗透率较低。我国沁水盆地高煤级煤储层渗透率相对较高,某些煤层气井打出了工业性煤层气流,预示着我国高煤级煤储层具有良好的煤层气开发前景,但对于这种现象目前在理论上还未形成深刻认识,缺乏有效预测渗透率及其分布的理论模型和数值方法,无法指导具体的煤层气勘探实践。

第二,对煤储层渗透率动态变化的研究成果尚不完善,在工程上尚没有投入具体应用,无论是瓦斯渗流还是煤层气开发数值模拟中均将其作为常数处理。这与煤层气地面开发过程中,随着地下水排出和气体解吸,煤基质发生收缩,煤储层内应力、压力、孔裂隙结构及渗透性等均发生相应变化的事实不符。究其根本原因,在于目前缺乏对影响煤储层渗透率内在因素的全面深入理解,尚未形成构建煤储层精细数值模拟的模型与方法的理论基础。

第三,高煤级煤层气的勘探开发在国内外都是一个极具探索性的新领域,我国高煤级煤地区不乏渗透率较高且打出了高产煤层气井的地段,但单井产量衰减较快,严重制约了我国煤层气开发产业化的发展步伐。其中一个重要原因,在于目前尚未建立煤储层精细数值模拟的模型与方法,缺乏有效的数学模式来预测煤储层渗透率在煤层气开采过程中的动态变化,无法指导我国具体的高煤级煤地区的煤层气开发实践。

第四,不同构造环境下的煤储层,其渗透率在煤层气开采过程的变化规律存在差异,但这种看法目前基本上仅停留在概念或总体上的认识。关于构造与采动因素耦合效应对煤储层渗透率在采动过程中动态变化规律的影响与机理,目前尚未做过研究与探讨,导致科学、精确地指导高煤级煤层气资源开发的良好愿望无法实现。

1.3 研究方案

围绕高煤级煤储层长期被视为煤层气勘探开发"禁区"与我国实现高煤级煤层气井产气突破这一对矛盾,针对高煤级煤层气井初期产量高但衰减较快这一现象,基于侧重构造控制的研究思路,以我国煤层气基础研究与勘探开发试验程度最高、开发前景较好的沁水盆地为依托,全面收集现有煤层气勘探和开发实验数据资料,选择具有代表性的构造部位采集煤样,采用实际资料分析、多相介质物理模拟、渗透率变化数值模拟的综合研究方法,重点探讨高煤级煤储层原始渗透率分布的控制因素、渗透率在煤层气采动过程中的动态变化模式和原因以及构造—采动—渗透率变化的耦合关系,期望通过研究深入揭示高煤级煤储层渗透性的控制机理,建立具有实用前景的预测模式和方法,为我国高煤级煤层气资源的高效经济勘探开发提供科学依据。

1.3.1 研究内容与研究目标

(1)高煤级煤储层渗透率的构造控制规律与机制。核心是现代构造应力场、构造形态、天然裂隙与试井渗透率之间的关系,查明这些构造因素对煤储层原始渗透率的控制规律,并从地质—力学原理上予以科学解释。

(2)高煤级煤储层渗透率的采动控制规律与机制。核心是储层压力、煤基质收缩膨胀速率与渗透率之间的关系,查明它们对煤储层渗透率控制的表现形式与规律,建立煤储层渗透率在采动过程中变化的数学模型。

(3)高煤级煤储层渗透率与构造、采动因素的耦合关系与机理。重点探讨不同构造环境下煤储层渗透率在采动过程中变化规律的差异性,寻求两者共同对渗透率的控制关系,并将这种关系引入上述数学模型,进而将其应用于煤储层数值模拟,得到修正的可用于煤储层精细数值模拟的模型与方法。

1.3.2 研究方法及技术流程

煤储层渗透性是影响煤层气井产能的关键因素之一,其在采动过程的变化规律也最难确定。为此,本书以试井和生产排采资料为基础,以多相介质煤岩体力学模拟、煤储层数值模拟反演为主要手段,采用煤层气地质理论与生产实际相结合,物理模拟与储层模拟相结合,静态模拟与动态模拟相结合等多方位的研究方法,分四个阶段完成本书研究工作。

第一阶段,调研、野外考察与资料初步分析。密切关注我国煤层气勘探开发试验及科学研究的前沿动态,全面收集研究区煤层气地质背景资料、煤层气试井及生产排采数据。在煤矿井下考察煤储层剖面,并统计天然裂隙发育状况。选择尽可能覆盖整个盆地高煤级煤区并具代表性的构造部位采集煤样。同时,研究消化前人关于研究区构造应力场等的研究成果,初步分析煤储层原始渗透率与构造作用之间的相关关系。

第二阶段,测试分析、实验模拟及数据处理。采用德国莱兹公司产 MPV-3 显微光度计测定煤样的镜质组反射率,并在光学显微镜下观测统计煤样中显微裂隙的发育特征。采用中国矿业大学电液伺服岩石力学实验系统测试煤岩的基本力学性质,采用石油勘探开发研究院廊坊分院三轴压缩岩石力学性质实验开展多相介质煤基质吸附膨胀效应和有效应力的物理模拟实验。采用美国 Terra Tek 公司生产的全直径岩芯流动仪进行煤岩大样的单相和气、水相对渗透率模拟实验。

第三阶段,煤储层渗透率数值模拟反演和渗透率动态预测模型构建。基于上述物理模拟实验结果,分析渗透率与围压、流体压力、有效应力、煤基质收缩效应等之间的耦合关系,提炼煤基质自调节效应与渗透率变化关系的数学模型。结合试井渗透率数据和煤层构造发育特征,基于 J11 和 J32 两口不同构造部位煤层气井山西组煤储层的实际排采数据,借助中国煤田地质总局第一勘探局 COMET2 煤储层模拟软件开展煤层气排采过程中渗透率动态变化规律的模拟研究。结合上述两方面的研究成果,构建排采过程中煤储层渗透率变化的动态预测模型。

第四阶段,耦合机理分析和预测方法研究。综合分析上述研究成果,分析构造—排采—煤储层渗透率变化之间的耦合规律,探讨它们之间耦合的地质力学机理,建立排采过程中煤储层渗透率动态变化预测的模型和方法。

1.4　研究区煤层气地质背景

沁水盆地位于山西省东南部,处于北纬 35°~38°、东经 111°00′~113°50′,东西宽约 120 km,南北长约 330 km,总面积约 3.96×10^4 km²。盆地介于太行山隆起和吕梁隆起之间,北部以五台山隆起为界,南部与中条山隆起相邻,西部紧邻晋中断陷和临汾—运城断陷,东部以晋获大断裂为界与太行山隆起相接,海拔多在 700 m 以上,地形起伏较大。

1.4.1　含煤地层、煤层与煤级

沁水盆地含煤地层为上古生界石炭系和二叠系,与下伏奥陶系呈平行不整合接触关系。石炭系由本溪组和太原组组成,本溪组底部为鸡窝状黄铁矿,灰白色铝土质岩,下部为含铁铝土岩和铝土质页岩。太原组主要岩性为砂岩、灰岩、泥岩、砂质泥岩夹煤层及石灰岩,含煤层 4~14 层,主要为 5、7、12、13、15 号煤层,地层厚度 50~135 m。二叠系在本区广泛出露,包括下统的山西组和下石盒子组,上统的上石盒子组和石千峰组,地层总厚度 470~1 065 m。其中,山西组含煤 2~7 层,主要煤层为 2 号和 3 号煤层。

全区煤层厚度变化总趋势是东南部厚而向西北部逐渐变薄。山西组 3 号煤层(上主煤层)和太原组 15 号煤层(下主煤层)全区稳定发育。上主煤层厚度变化于 0.53~7.84 m 之间,在盆地东南部厚度较大,武乡地区煤层结构简单,无夹矸或偶见一层夹矸,厚度小于 0.1 m,其他地区煤层结构相对复杂。下主煤层总体上南北较厚,中部、西部相对较薄,且西北部厚度大于东南部,一般厚 2.0~6.0 m,在北部寿阳—阳泉一带可达 7 m 以上,北部和南部煤层结构简单,中部煤层结构复杂,形成多个煤分层,可由 3~4 个分层组成。

沁水盆地煤级比较齐全,从气煤到无烟煤均有分布。盆地西部以焦煤和气煤为主,东部以瘦煤和贫煤为主,北部以瘦煤、贫煤和无烟煤为主,而南部基本上为无烟煤。

1.4.2　盆地构造

沁水盆地现今整体构造形态为一近 NE—NNE 向的大型复式向斜,轴线大致位于榆社—沁县—沁水一线,东西两翼基本对称,倾角 4°左右,次级褶皱发育。在北部和南部斜坡仰起端,以 SN 向和 NE 向褶皱为主,局部为近 EW 向和弧形走向的褶皱。断裂以 NE、NNE、NEE 向高角度正断层为主,主要分布于盆地的西部、西北部以及东南缘(见图 1-1)。

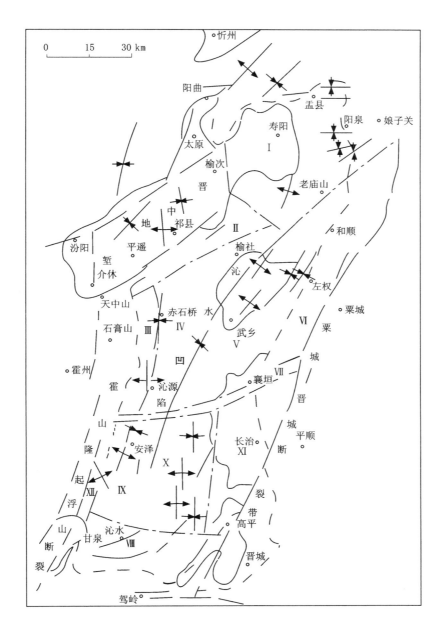

Ⅰ—寿阳—阳泉单斜带；Ⅱ—天中山—仪城断裂构造带；Ⅲ—聪子峪—古阳单斜带；Ⅳ—漳源—沁源带状构造带；
Ⅴ—榆社—武乡带状构造带；Ⅵ—娘子关—坪头单斜带；Ⅶ—双头—襄垣断裂带；Ⅷ—古县—浇底断裂构造带；
Ⅸ—安泽—西坪背斜隆起带；Ⅹ—丰宜—晋仪带状构造带；Ⅺ—屯留—长治单斜带；Ⅻ—固县—晋城单斜带

图 1-1　沁水盆地构造分区简图(张建博等,2000)

盆地的不同部位具有不同的构造特点。总体来看,西部以中生代褶曲和新生代正断层相叠加为特征,东北部和南部以中生代的 EW 向、NE 向褶皱为主,盆地中部 NNE—NE 向褶皱发育。断层主要发育于盆地东、西边部,在盆地中部有一组近 EW 向正断层,即双头—襄垣断裂构造带。

根据盆地内不同地区构造样式的差异,划分为 12 个构造带(张建博,王红岩,1999):

(1)寿阳—阳泉单斜带,即沁水复向斜的北部翘起端,也即阳泉复向斜。除盂县附近发育近东西向褶曲外,其他区均以 NNE、NE 向构造为主,NNW 向构造次之。主要断层有:郭家沟正断层,倾向 SE,断距为 250 m;杜庄断层,走向 NNE,倾向 NWW,断距达 200 m。此外,区内陷落柱也有发育,平昔矿区最甚,平均可达 3.5 个/km²,直径几十米到百余米不等,陷壁角在 70°~80°。

(2)天中山—仪城断裂构造带。位于沁水复背斜西北部,地表为一走向 NNE 的断裂鼻隆构造带。其内褶曲主体走向 NE70°~80°。背斜开阔,向斜紧闭,与其平行有断裂发育,组成地堑、地垒结构,地堑中有零星三叠系和侏罗系出露。上述地表结构特性,反映了它与下伏大型背斜隆起相一致,即代表该背斜隆起顶部的强烈构造区。

(3)聪子峪—古阳单斜带。位于沁水复向斜中部细腰处西侧,上倾方向即为万荣复背斜的霍山倾伏部分,两者在冯家集—苏堡断裂带相接。断层走向 NNE,正断层。单斜带上的褶曲表现为在近 SN 向左行剪切作用下形成的雁列构造。本带南部有古县背斜,东缘有赤石桥—坚友雁列背斜带。

(4)漳源—沁源带状构造带,即沁水复向斜中段的西翼部分。褶曲走向近 SN,与西侧单斜带上的褶曲平行排列。褶曲构造西有胡家沟—沁源背斜带、景风—鹿儿回背斜带,东有分水岭—柳湾雁列背斜带和漳源—王家庄背斜带。断裂走向多为 NNE,断距 50~250 m。王陶南部发育两条 NNE 向相向倾斜的正断层,断距达 200 m,构成狭长的地堑构造带。

(5)榆社—武乡构造带,即沁水复向斜中段的东翼。区内次级褶曲呈 NNE 向雁行排列,两翼倾角一般为 3°~10°。较大的褶曲有大佛头—李家垴向斜,长约 30 km,轴部地层为石千峰组,东翼倾角为 11°~17°、局部达 20°以上,西翼倾角为 19°~23°、局部达 25°以上;寺沟后扶峪背斜,长 30 km,东翼倾角为 8°~10°,西翼倾角为 10°~15°。区内断层走向 NNE,倾向 NWW,延伸长度较短,落差较小,且具有东弱西强的发育特点。

(6)娘子关—坪头单斜带。位于沁水向斜东翼北部边缘,东与赞皇复背斜相接,在构造上表现为较陡的挠曲带,边缘发育鼻状背斜构造。较大的褶曲有范家岭向斜、背斜,轴向 NEE,两翼倾角平缓。断层发育稀少,有洪水正断层,走向 NNE,断距 55 m;李阳正断层,倾向 NWW,断距为 200 m。发育一条逆断层,走向 NEE,断距 15 m。此外,还有少数陷落柱发育。

(7)双头—襄垣断层构造带。为一横切盆地中南部、走向 NEE 的左行走滑断裂带。东段形成文王山地垒,西段构造线断续出现,规模较小。

(8)古县—浇底断裂构造带。位于沁水复向斜南部西翼边缘,西以浮山正断层与万荣复背斜相接,由一系列纵向 NNE 及 NE 的断层构成,并发育少量褶曲构造。

(9)安泽—西坪背斜隆起带,位于沁水复向斜南段西翼。主体构造为由一系列排列紧密的 SN 向背斜构造组成的大型背斜隆起,实为万荣复背斜的向北延伸部分。在研究区,该复背斜向北抵双头—襄垣断裂带之后,即被该断裂带左行平行错开,北段在霍山复出,然后向北东方向倾伏达到晋中地堑之南,即伏于天中山—仪城断裂带之下。

(10)丰宜—晋仪带状结构带,即沁水复向斜南段东翼。主体构造线为 SN 向,局部发育 NE 向构造。在北部形成二岗山地堑构造、安昌—中华楔形裂陷槽。在南部区下部已成隆起状态,边缘断介处可形成局部圈闭。内部褶曲可分为东西两带,西为张店—横水褶曲带,东为丰宜—岳家庄背斜、向斜构造带。

(11)屯留—长治单斜带,位于沁水复向斜南部东翼边缘。东侧被长治断裂所截,与陵川复向斜相接,发育规模较小的背斜、向斜构造。北部有余吾、屯留和东李高背斜。南部的鲍村、漳河背斜、向斜构造,均呈带状分布。区内 NE 向断裂有朔村逆断层,断距为 55 m,倾向 SE;庄头正断层,倾向 SE,断距达 190 m。此外,还有 NNE 向断裂发育。

(12)古县—晋城单斜带,位于沁水复向斜南部翘起端。西缘与万荣复背斜相接处为一断裂带,由近 SN 向断层组成地垒、地堑,西部沁水地区地层走向先为 NW,向东逐渐转为 EW 向。断裂走向 EW,有高角度逆冲断层,也有正断层。西部有寺头正断层、瑶沟正断层带、城后腰正断层,边缘断层多向北倾,内部断层多向南倾,断距达 70～300 m。东部发育 NNE 向断裂,大者有石门正断层、府底正断层,并与寺头断层斜交,断距一般为 50～105 m。在古县地区发育 NW 向倾伏的鼻状构造,可分为古县碧庄挠曲带和布村—被留挠曲带。沁水县南部发育城后腰向斜、东山向斜、南坪向斜等,均呈近 EW 向延伸。

研究区山西组主煤层埋深介于 289～781.23 m,太原组主煤层埋深介于 369～869 m。山西组主煤层埋深呈现出周缘浅、盆地内部逐渐加深的总体趋势,最大埋深超过 1 200 m。

1.4.3 煤储层物性与含气性

煤储层物性是影响煤层含气性、煤层气开采地质条件和产能的主要因素,主要受控于其自身的物质组成和结构特征,并通过煤储层的渗透性、储层压力、吸附解吸性等体现出来。

1.4.3.1 煤储层渗透率和储层压力

根据试井成果,本区煤储层渗透率一般介于 $(0.013～13.18) \times 10^{-3}$ μm^2,在南部、北部高及两翼较高,在轴部较低。渗透率分布明显受带埋藏深度、构造样式、构造应力场等因素的控制,详细情况将在第 2 章中讨论。

研究区煤储层压力介于 1.34～6.07 MPa,区域上具有盆地周缘低、轴部高的总体展布态势(见图 1-2)。山西组储层压力梯度介于 4.27～8.5 kPa/m,太原组压力梯度变化介于 4.63～9.75 kPa/m,山西组及太原组主煤层储层压力区域分布均呈现出"轴部高、四周低"的总体展布趋势,属于低压的范畴。

1.4.3.2 煤储层吸附性

甲烷等温吸附实验结果表明,在 30 ℃的条件下,本区煤的吸附性变化较大。上主煤层兰氏体积(a 值)变化于 20.97～93.87 m^3/t 之间,平均为 46.25 m^3/t;b 值为 0.164～2.406 MPa^{-1},平均 0.829 MPa^{-1}。下主煤层 a 值变化于 22.06～84.44 m^3/t,平均为 43.46 m^3/t;b 值为 0.186～2.389 MPa^{-1},平均 0.691 MPa^{-1}。在区域上,平均甲烷饱和吸

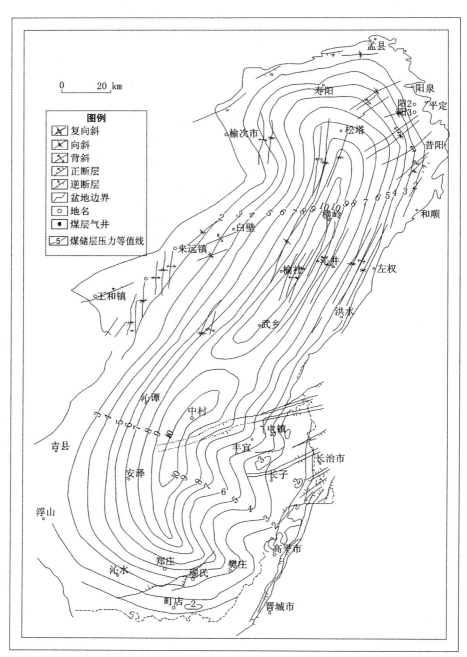

图 1-2　沁水盆地山西组煤储层压力平面等值线图

（据秦勇等，1999）

附量具有由南向北有逐渐降低的趋势。由此可知,本区煤的吸附能力较强,并与区内以中、高煤级煤为主的煤级特征及煤级分布规律有关。

1.4.3.3　煤储层含气量

沁水盆地煤层含气量总体较高。在区域上,从两翼往向斜轴部,随埋深的增加,含气量呈增高的趋势。也就是说,含气量具有"南高北低、东高西低"的总体展布格局(见图1-3)。上主煤层最大值可达 25.74 m³/t,最小值 0.02 m³/t,平均为 14.67 m³/t。下主煤层最大值可达 38.07 m³/t,最小值 8.14 m³/t,平均为 21 m³/t。在研究区中,从层域上来看,大部分地区下主煤层的含气量要低于上主煤层,但在南部,下主煤层的含气量却高于上主煤层,在潘庄地区表现尤为明显。

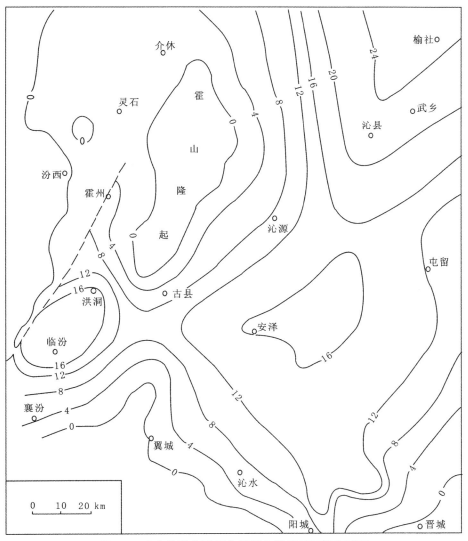

图 1-3　沁水盆地山西组主煤层含气量平面等值线图

(据刘焕杰等,1998)

1.4.4　煤层气水文地质条件

沁水盆地四面环山,石炭—二叠纪煤系地层在周边出露,东、西、北部为供水区,盆缘水位标高高于盆地内部,大气降水通过岩层裂隙、孔隙从周边向内部渗流。根据含水介质,可将盆地内部含水层分为三个类型:①寒武系至中奥陶系碳酸盐岩含水层组;②石炭—二叠系碎屑岩夹碳酸盐岩含水层组;③第四系松散岩类含水层组。三套含水层之间一般不发生水力联系。

石炭—二叠系碎屑岩夹碳酸盐岩含水组为构造裂隙及灰岩岩溶裂隙含水层,主要含水段为 K5、K2 灰岩、砂岩和煤层中构造裂隙含水层。由于其构造裂隙不很发育,孔隙度小,导致渗透率较低,地下水径流活动较弱,并不是富水层。石炭—二叠系含水层组上下均有良好的隔水层,下伏太原组 15 号煤层至本溪组底泥岩和铝质泥岩隔水层,阻碍了奥陶系岩溶裂隙水与煤系地层之间的水力联系,上覆除煤系地层内部的泥岩外,还有下石盒子组泥页岩夹致密砂岩隔水层,具备形成独立水动力系统的条件。总矿化度、氯离子浓度及水头高度与其他含水层组存在明显差别,总矿化度低于下部含水层组,高于上部含水层组,水头高度高于下部和上部含水层组。

以盆地中部灵山—沁县—潘龙一线为界,水动力条件明显地分为南北两个区域。北区以太行山北部、东山、霍山为供水区,泄水区在东北部的娘子关泉一带;边部水力坡降大,等势面随埋藏深度的增加而迅速降低,中间广大地区水势平缓,为弱径流区及滞留区;石炭—二叠系地层水总矿化度为 2 000 ~ 3 000 mg/L,水质类型以碳酸钠型为主。南区主要以太行山南段和霍山为供水区,泄水带在阳城东南;边部水头坡降较大,但小于北区,中间广大地区水势平缓;总矿化度为 2 500 ~ 3 400 mg/L,以碳酸钠型为主。南部晋城地区整体为一马蹄形斜坡带,易于形成大型水封堵承压煤层气藏。

第 2 章　高煤级煤储层原始渗透率的构造控制效应

关于地质构造对煤储层渗透性的控制规律,前人做过一些研究工作,但定性描述的较多,定量分析的较少,尤其是在构造应力场、构造曲率、构造形态、天然裂隙等对煤储层原始渗透率的控制规律方面,目前尚缺乏较为深入系统的研究。本章基于沁水盆地丰富的煤层气地质和勘探开发试验资料,结合煤层气赋存的构造环境,力图对上述问题进行系统探讨。

2.1　沁水盆地构造应力场分析

地质历史时期中古构造应力场控制了现今构造形变、构造样式分布特点,决定着岩层和煤储层内裂隙的发育程度及分布规律。现代构造应力场对先期形成的构造又起着后期改造作用,并控制着岩层、煤储层的受力状态以及裂隙的开合程度。它们共同控制着煤储层内流体的赋存及运移,因而与煤储层渗透率、煤层气的开采密切相关。为此,作者在区域地质、矿井地质调查和野外观察统计的基础上,采用构造形迹分析、小震震源机制解、有限元数值模拟等方法,对研究区晚古生代以来的构造应力场特征及其演化进行了研究(刘焕杰等,1998)。结果表明,印支期构造应力场具有 SN 向挤压的特征,燕山期表现为NEE—SEE 向挤压构造应力场,喜马拉雅期至现代构造应力场的最大主应力为 NEE—SSW 向挤压。

2.1.1　印支期构造应力场

在印支运动期,华北板块南北边缘造山带的强烈挤压作用,使沁水盆地主体遭受近南北向的构造挤压。在该期主体构造应力场的影响下,沁水盆地北部阳曲—盂县和南部阳城两个断隆带上形成近东西向的褶皱及两组早期共轭剪裂隙系。第一组裂隙发育左列羽列现象,显示左旋扭动;第二组裂隙发育右列羽列现象,反映右旋扭动。

总体上看,印支期近 SN 向水平挤压应力场对沁水盆地的影响不大,盆地仍保持稳定状态,并未在盆地内部形成明显的地质构造,仅使盆地南北两缘产生了一定程度的隆起抬升,形成沁水盆地雏形。该期水平挤压应力场从盆地边缘向盆地内部逐渐减弱,导致变形强度由盆地边缘向盆内递减,盆缘挤压褶皱和逆冲推覆变形相对强烈,盆内则并不明显。在阳城以南发育了枢纽近 EW 向的褶皱构造和逆掩断层,在阳城以北未发现类似构造形迹。

2.1.2　燕山期构造应力场

燕山运动中期的构造应力场,导致沁水盆地发生中生代以来最为强烈的一次构造变形(张抗,1989)。该期构造应力场表现为 NWW—SEE 向近水平挤压的特征,主应力迹线在盆地南部晋城一带略有偏转呈近 EW 向。

沁水盆地本期构造活动以挤压抬升和褶皱作用最为显著,在盆地内部形成宽缓褶皱。其中,NE—NNE 向褶皱最为发育,遍布全区,规模较大,一般长 10 ~ 30 km。褶皱走向自北向南呈规律性变化,北部阳泉—昔阳一带呈 NE 向,中部近 SN—NNE 向,南部阳城以南呈 NNE—NE 向。在大型褶皱的两翼,往往发育一系列的次级褶皱,在盆地两缘特别是盆地东缘靠近太行山造山带形成了 NE 向展布的冲断层。同时,盆地的莫霍面上拱(林永洲,1989)并伴有局部岩浆侵入,形成不均衡高热地热场,使煤化程度快速提升。又由于煤层在抬升过程中上覆压力逐渐减小,从而有利于煤储层中天然裂隙的生成,形成本区所特有的煤级虽高、但裂隙较为发育的特征,对煤层气生成以及勘探开发十分有利。

2.1.3　喜马拉雅期构造应力场

受西太平洋板块俯冲和中国西南部印度—欧亚板块碰撞作用的共同影响,沁水盆地燕山期之后构造应力场主应力方向发生反转,最大挤压应力方向为 NNE—SSW 向,最小主应力为 NWW—SEE 向,沿此方向发生应力松弛,表现为拉张应力,导致前期形成的挤压构造发生负反转,形成了规模较小的近 SN 向背向斜相间分布,并叠加在燕山期 NE—NNE 向次级褶皱上的次级宽缓褶皱。

但是,研究区内该期构造形迹难以辨认,很可能是拉张应力在山西断陷盆地和太行山山前断裂得以释放,不足以形成新的较大构造形变。另外,先期形成的断裂带附近岩层的强度较低,也可能是拉张应力作用于老断裂带,使其两盘产生方向相反的运动,造成该期的应力部分抵消。

2.1.4　现代构造应力场

综合分析沁水盆地及其邻区 1965 年以来 4 级以上地震震源机制解和 1973 年以来小震综合断面解资料(谢富仁等,1993;武烈等,1993;刘巍,1993;刘焕杰等,1998;徐志斌等,1998),反演出现代构造应力场最大挤压应力呈 NNE—SSW 向近水平展布,与燕山期 NNE—SSW 向正断层走向近于平行(见图 2-1)。在此构造应力场作用下,燕山期形成的具有压剪性质的断层再次活动,致使盆地内部及边缘断裂构造进一步复杂化,盆地中部文王山地垒、二岗山地垒的发育与此有关。远离断陷,断裂构造发育程度逐渐降低。有限元模拟结果表明,沁水盆地复式向斜中产生局部近水平挤压应力场,分布在盆地轴部的一系列规模较小的近南北向褶皱可能就是此局部应力场作用的产物。这种局部应力场一直持续到现代,其所形成的高应力分布区应是煤层气富集和开采的有利地带。

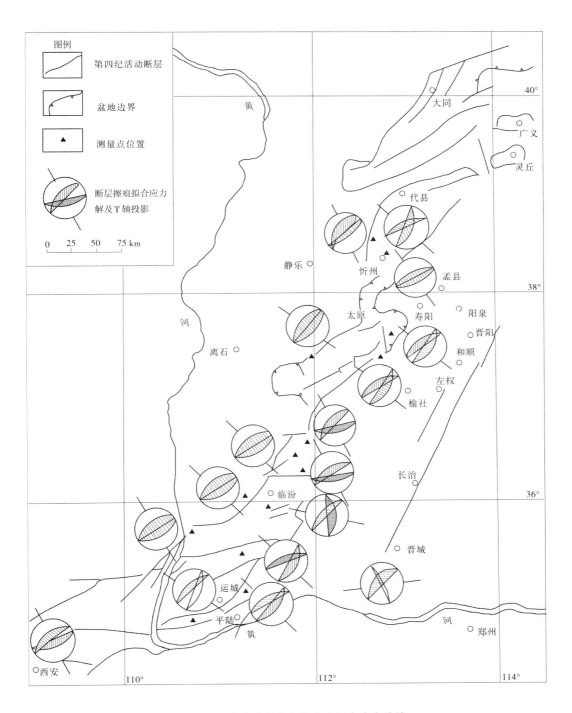

图 2-1 沁水盆地现代构造应力场主应力迹线

（据谢富仁等,1993）

现今构造应力场总体上继承了第三纪至第四纪以来的构造应力场特征。沁水盆地东部和顺—长治一带表现为 NEE—SWW 向水平挤压应力场,西部蒲县地区为 NNW—SSE 向水平挤压应力场;北部、中部和南部地区现代断陷盆地则均表现为近水平伸展应力场,主应力总体呈 NW—SE 向展布,仰角较小且较稳定,一般小于 20°;主压应力轴总体呈 NE—SW 向展布,仰角变化较大,一般为 40°~60°。由此,形成了沁水盆地现代构造格局。

2.2　沁水盆地主煤层天然裂隙和孔隙发育特征

煤储层是由宏观裂隙、显微裂隙和孔隙组成的复杂介质系统,宏观裂隙是煤层气运移的通道,显微裂隙则是沟通孔隙与裂隙的桥梁。煤体表面的较大裂隙一般可用肉眼观察到,较小裂隙呈现出微观的特征,需要借助显微镜来观测,而对于气体分子来说,仍是一个宏观的范畴,是游离气体赋存以及层流和紊流的空间。这是因为孔裂隙的宽度一般为 10^{-7} m,分子之间距离的数量级约为 10^{-10} m,孔隙是煤层气的主要储集场所(傅雪海,2001)。煤中天然裂隙的发育特征,直接影响到煤储层渗透率的大小和方向,而裂隙渗透率往往是影响煤层气开发成败的关键因素。煤储层中的裂隙在尺度上差异较大,尺度大小反映出发育特征不同,因而对煤储层渗透性能的贡献也不同。本书将煤储层中的裂隙按尺度大小分为宏观裂隙和显微裂隙。

2.2.1　天然裂隙发育特征及分布规律

宏观裂隙观测是在井下新揭露的煤面上进行的,主要工作是宏观裂隙面产状测量、宏观煤岩类型描述、煤层大中裂隙发育密度统计以及裂隙充填状态、表面形态、组合形态观察等。观测完成后,在典型层段采集大块煤样,然后在室内对采集的煤样小裂隙用肉眼进行观测和裂隙发育密度统计,再用显微镜进一步观测和统计显微裂隙。研究区 18 对矿井煤层裂隙描述结果见表 2-1。

表 2-1　沁水盆地石炭—二叠系主煤层裂隙发育特征观测统计结果

观测点	煤层	宏观裂隙发育特征			显微裂隙发育特征		
		产状(走向、倾向)	充填特征	d_m	组数	充填	d_m
翼城殿儿垣矿	2#	28°∠42°,44°∠42°	紧闭充填,不明显	17	2	无充填	67
		331°∠42°,304°∠55°	紧闭充填,不明显	14			
沁水宁凹沟矿	2#	15°∠85°,20°∠89°	紧闭充填,不明显	53	2	无充填	604
		280°∠83°,285°∠77°	紧闭充填,不明显	53			
沁水豹凹沟矿	15#	89°∠85°	紧闭充填,不明显	123	2	无充填	580
		301°∠59°,345°∠79°	紧闭充填,不明显	93			
阳城西沟矿	3#	28°∠85°,31°∠86°,42°∠88°	闭合,方解石充填	43	2	无充填	173
		325°∠83°,328°∠89°,330°∠79°	闭合,方解石充填	28			
沁源沁新矿	2#	15°∠83°,45°∠89°	紧闭充填,不明显	155	2	无充填	172
		285°∠83°,307°∠71°	紧闭充填,不明显	73			

续表 2-1

观测点	煤层	宏观裂隙发育特征			显微裂隙发育特征		
		产状(走向、倾向)	充填特征	d_m	组数	充填	d_m
沁源北章矿	10#	22°∠79°,22°∠72°	紧闭充填,不明显	93	2	无充填	530
		287°∠86°,291°∠83°, 299°∠86°,357°∠62°	紧闭充填,不明显	82			
潞安王庄矿	3#	276°∠88°,304°∠67°, 324°∠80°,355°∠77°	紧闭充填,不明显	72	2	无充填	380
潞安小河堡矿	15#	20°∠51°,30°∠76°	紧闭充填,不明显	48	2	无充填	72
		315°∠73°,345°∠76°	紧闭充填,不明显	44			
潞安常村矿	3#	25°∠89°,75°∠82°	紧闭,无充填	6	2		
		14°∠85°,67°∠85°	紧闭,无充填	3			
潞安五阳矿	3#	40°∠81°,48°∠79°	紧闭,无充填	12	2		
		315°∠78°,345°∠86°	紧闭,无充填	4			
晋城成庄矿	3#	66°∠82°,33°∠85°	见方解石薄膜	27	2		
		318°∠85°,304°∠83°	见方解石薄膜	24			
高平望云矿	3#	14°∠78°,67°∠85°	未见充填,明显	16	2		
		295°∠80°,357°∠83°	未见充填,明显	9			
霍州李家村矿	2#	65°∠75°,80°∠81°	方解石充填,明显	87	2		
		340°∠79°,350°∠87°	方解石充填,明显	44			
晋城凤凰山矿	3#	95°∠85°,100°∠84°	煤粉充填	95	2	方解石充填	287
		10°∠82°,15°∠79°	煤粉充填	50			
阳城卧庄矿	3#	33°∠81°,66°∠75°	方解石充填,明显	27	2	无充填	79
		304°∠87°,318°∠77°	方解石充填,明显	24			
寿阳百僧庄矿	8#	230°∠82°,235°∠84°	略见方解石充填	90	2	煤粉充填	395
		160°∠82°,165°∠78°	略见方解石充填	15			
阳泉一矿	3#	285°∠86°,290°∠72°	方解石充填,明显	60	2	方解石充填	107
		215°∠82°,220°∠78°	方解石充填,明显	35			
左权石港矿	15#	210°∠88°,220°∠76°	无充填	60	2	无充填	93
		325°∠82°,330°∠86°	无充填	32			

注:d_m—平均密度(条/m)。

研究区主煤储层中发育两组宏观裂隙,在区域上具有明显的分布规律(见图 2-2)。山西组主煤储层中第一组裂隙走向变化于 1°～80°之间,一般为 40°～45°,平均密度为 61 条/m;第二组裂隙走向为 275°～357°,大多数集中在 280°～331°之间,平均密度为 46 条/m。太原组主煤层第一组裂隙走向变化于 20°～89°,一般为 20°～45°,平均密度为 90 条/m;第二组裂隙走向为 275°～357°,大多数集中在 285°～300°,平均密度为 76 条/m。显然,第一组宏观裂隙较为发育,属本区煤层中的主要裂隙,且上主煤层裂隙发育程度高于下主煤层;第二组宏观裂隙发育程度相对较弱,为主煤层中的次要裂隙,且上主煤层裂隙发育程度低于下主煤层。这一规律与试井渗透率的层位分布一致,反映出裂隙发育程度对煤储层渗透率影响的重要程度。

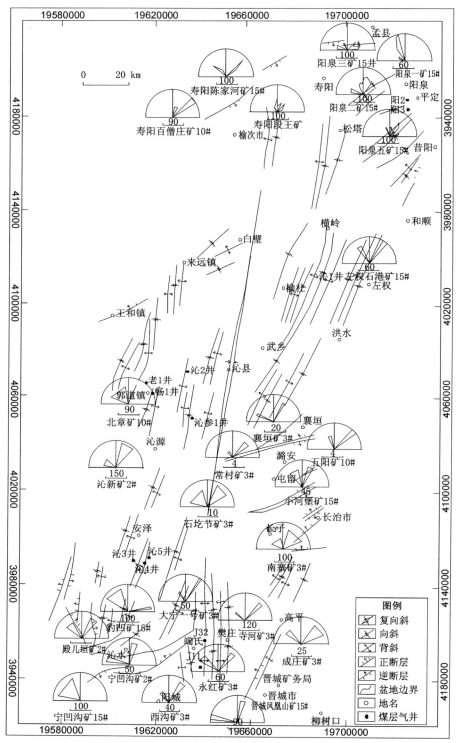

图2-2　沁水盆地主煤储层宏观裂隙走向玫瑰花图

(据秦勇等，1998)

在区域上,山西组主煤层裂隙的发育密度在北部地区相对较大,南部地区相对较小;下主煤层却与此相反,南部地区裂隙发育较好,北部地区相对较差。

就显微裂隙而言,太原组主煤层较高,山西组主煤层相对较低。两主煤层中显微裂隙密度均以南部的沁水矿区为最大,上主煤层显微裂隙发育最差的地区为研究区西部,下主煤层显微裂隙发育最差的地区则位于研究区的东北部。

煤储层中天然裂隙发育状况受古构造应力场的控制,其优势方位、产状和组合规律是恢复古构造应力场的重要依据。在研究区,锐角平分线方向(即最大主应力 σ_1)为近 NNE 向,钝角的平分线(即最小主应力 σ_3)为 SWW 向。可以看出,本区天然裂隙优势发育方向与现代构造应力场最大主应力方向(NNE—SSW)具有较好的一致性,从而构成现代构造应力场控制煤储层渗透性的重要基础。

2.2.2　煤储层孔隙结构分布特征

煤中的孔隙大小相差极大,大到数微米级的裂隙,小到连氮气分子都无法通过。根据霍多特(1961)的十进制分类方案,煤中孔隙按孔径大小可分为:微孔,直径小于 10 nm,构成气体的吸附容积;小孔,直径 10~100 nm,构成气体毛细凝结和瓦斯扩散的空间;中孔,直径 100~1 000 nm,构成气体缓慢层流渗透的空间;大孔,直径大于 1 000 nm,构成剧烈层流渗透的空间。煤层气主要以吸附状态存在于微孔内表面,煤中微孔提供了气体的吸附空间。中孔以上的孔隙空间,构成了煤中复杂的扩散—渗流—运移通道,决定了煤储层中流体渗流的难易程度。因此,煤储层孔隙结构及其分布,不仅决定了煤层气储集性能,而且极大地关系到煤储层的渗透性能。

根据压汞法,可以获得直径 7.2 nm 以上孔隙的孔径结构,7.2 nm 以下的孔径可由低温氮吸附法提供。研究区主煤层煤样孔隙结构压汞法测试结果见表 2-2。

表 2-2　研究区石炭—二叠系主煤层孔隙结构压汞法测试结果

采样点	煤层	孔容（×10⁻⁴cm³/g）						孔容比（%）				
		渗透孔			吸附孔		全部	渗透孔			吸附孔	
		V_1	V_2	V_1+V_2	V_3	V_4	V_t	V_1/V_t	V_2/V_t	$(V_1+V_2)/V_t$	V_3/V_t	V_4/V_t
高平望云矿	3	136	20	156	155	103	414	32.9	4.8	37.7	37.4	24.9
潞安常村矿	3	157	21	178	171	107	456	34.4	4.6	39	37.5	23.5
阳泉一矿	3	914	18	932	146	84	1 134	80.6	1.58	82.2	12.9	7.4
寿阳百僧庄	8	512	48	560	171	71	802	63.8	5.99	69.8	21.3	8.85
左权石港矿	15	585	19	604	33	204	952	61.5	2.00	63.5	3.47	21.4
阳城卧庄矿	3	303	39	342	151	70	563	53.8	6.93	60.8	26.8	12.4
晋城凤凰山	3	504	31	535	166	74	775	65	4	69.1	21.4	9.55
潞安五阳矿	3	176	22	198	205	103	506	34.8	4.3	39.1	40.5	20.4
沁源沁新矿	2	212	18	230	132	58	420	50.5	4.3	54.8	31.4	13.8
霍州李家村	2	243	19	262	160	67	489	49.7	3.9	53.6	32.7	13.7
沁源南山矿	2	199	48	247	121	40	408	48.8	11.7	60.5	29.7	9.8
沁源定湖矿	2	194	10	204	72	26	302	64.2	3.4	67.6	23.8	8.6

续表 2-2

采样点	煤层	孔容（×10^{-4}cm³/g）						孔容比（%）				
		渗透孔			吸附孔		全部	渗透孔			吸附孔	
		V_1	V_2	V_1+V_2	V_3	V_4	V_t	V_1/V_t	V_2/V_t	$(V_1+V_2)/V_t$	V_3/V_t	V_4/V_t
沁源古寨矿	2	121	27	148	93	24	265	45.7	10.2	55.9	35.0	9.1
潞安王庄矿	3	873	35	908	157	54	1 119	78.0	3.1	81.1	14.0	4.8
翼城殿儿垣	3	94	26	120	110	37	267	35.2	9.7	44.9	41.2	13.9
沁水中村矿	2	66	31	97	157	44	298	22.1	10.4	32.5	52.7	14.8
沁水羊泉矿	3	405	17	422	134	53	609	66.5	2.8	69.3	22.0	8.7
沁水永红矿	2	334	23	357	161	51	569	58.7	4.0	62.7	28.3	9.0
阳城河村矿	3	140	22	162	132	44	338	41.4	6.5	47.9	39.1	13.0
沁水北庄矿	3	410	19	429	146	51	626	65.5	3.0	68.5	23.3	8.2
阳城西沟矿	3	555	27	582	154	46	782	71.0	3.4	74.4	19.7	5.9
晋城成庄矿	3	264	18	282	156	51	489	54.0	3.7	57.7	31.9	10.4
阳泉五矿	15	293	24	317	168	49	534	54.9	4.5	59.4	31.5	9.1
潞安小河堡	15	874	28	902	179	58	1 139	76.7	2.5	79.2	15.7	5.1
沁水起龙沟	9	81	20	101	124	55	280	28.9	7.1	36	44.4	19.6
阳城河村矿	9	123	18	141	142	52	335	36.7	5.4	42.1	42.4	15.5

注：V_1—大孔（$\varnothing > 1\,000$ nm）；V_2—中孔（$1\,000$ nm $> \varnothing > 100$ nm）；V_3—过渡孔（100 nm $> \varnothing > 10$ nm）；V_4—微孔（10 nm $> \varnothing > 7.2$ nm）；V_t—总孔容。

根据本次测试结果，结合刘焕杰等（1998）对研究区煤孔隙结构进行的大量测试成果，可以看出：虽然煤储层具有较高的非均质性，但研究区煤样品的压汞测试结果具有相似的规律性，即总体上主要以大孔为主，其次为过渡孔，孔容较小的是微孔，而中孔孔容占的比例最小（见表2-2）。

压汞总孔容变化于（214～1 139）×10^{-4} cm³/g，以北部阳泉矿区和中南部潞安矿区最大，其次是沁水、左权、晋城和阳城地区，最小的是沁源矿区，区域分布呈现出盆地南北高、轴部低，东部高、西部低的规律。煤的破坏程度对大孔和中孔有较大影响，而对微孔影响不大，因此在煤级、成煤环境等相似的前提下，煤的渗透容积在一定程度上反映出煤层受构造破坏的程度。渗透容积越大，破坏程度一般也越大。渗透性孔（中孔以上）孔容变化于（83～912）×10^{-4} cm³/g，以阳泉、阳城和潞安矿区最大，其次是左权、晋城和寿阳，最小是沁源、霍州矿区，总体呈现出南部、北部、东部高，西部低的展布格局，渗透性孔在全孔中所占比例也有类似分布趋势。

在研究区煤样中，连通型孔、半连通型孔和封闭型孔三种类型孔隙都有出现。连通性最好的位于寿阳、晋城矿区，其次为潞安、阳泉、阳城，最差的是沁源。可以看出，孔隙连通性能以南、北部地区最好，中部地区相对较差，而西部地区最差。

2.3 沁水盆地主煤储层试井渗透率分析

自20世纪90年代以来，中联煤层气有限责任公司、中国石油天然气总公司、中国煤田地质总局、晋城矿务局、潞安矿务局等多家单位在沁水盆地进行过煤层气勘探开发试验工作。截至2002年7月,在盆地内共施工各类煤层气井62口,包括参数井15口,生产试验井47口。其中,在盆地南部施工各类煤层气井46口,包括参数井9口,生产试验井37口。通过这些勘探开发试验工作,积累了大量煤储层物性(特别是试井渗透率)的实测资料,为本书奠定了扎实的研究基础。

2.3.1　试井渗透率基本分布规律

钻孔中的压力传递符合扩散规律,压力的变化应在整个煤储层中都能得到反映。实际情况下,总存在着一个距离范围,压力的改变在这个范围内容易监测,超出此范围则响应非常微弱。这一距离为煤储层的测试范围,也称为调查半径。根据试井及监测资料分析,沁水盆地主煤储层试井渗透率(K)与调查半径(R)之间具有幂函数关系(图2-3)

$$K = 0.009\ 7\ R^{1.238\ 7},\text{相关系数}\ r = 0.63 \tag{2-1}$$

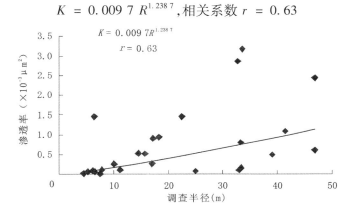

图2-3　沁水盆地主煤储层试井渗透率与调查半径的相关关系

图2-3显示,沁水盆地主煤储层试井渗透率随调查半径的增大而增高。当调查半径小于25 m时,试井渗透率小于$0.5 \times 10^{-3}\ \mu m^2$;当调查半径为25～45 m时,试井渗透率介于$(0.5～1) \times 10^{-3}\ \mu m^2$之间;当调查半径大于45 m时,试井渗透率大于$1 \times 10^{-3}\ \mu m^2$。进一步分析发现,调查半径对试井渗透率十分敏感,当调查半径小于4.8 m时,试井渗透率小于$0.02 \times 10^{-3}\ \mu m^2$,有的甚至小于$0.005 \times 10^{-3}\ \mu m^2$;当调查半径大于150 m时,试井渗透率大于$25 \times 10^{-3}\ \mu m^2$,有的甚至超过$100 \times 10^{-3}\ \mu m^2$。这显然是煤储层渗透率的异常现象,不能代表研究区煤储层的典型特征。

据中国煤田地质总局第一勘探局内部资料(2002),在美国较为简单的地质条件下,由于煤层具有的强烈各向异性,造成调查半径较小的试井渗透率不具有代表性。沁水盆地经历了多期构造应力场的作用,在复式向斜的总体背景上,发育有较大的断裂和次级褶皱,煤储层遭受构造变形。煤矿井下观测发现,煤储层在构造应力作用下发育有较大规模的构造裂隙,由于这些裂隙出现频度有限,不能真实地代表煤储层的整体状况。鉴于上述原因,本书不考虑调查半径小于4.8 m和大于150 m所得出的试井渗透率值。

据不完全统计,沁水盆地主煤储层试井渗透率变化较大(见图2-4)。据28口井资料统计,山西组主煤层试井渗透率变化于$(0.015～13.18) \times 10^{-3}\ \mu m^2$之间。其中,渗透率

小于 $0.1 \times 10^{-3} \mu m^2$ 的占 17.9%，$(0.1 \sim 0.5) \times 10^{-3} \mu m^2$ 的占 25%，$(0.5 \sim 1.0) \times 10^{-3} \mu m^2$ 的占 21.4%，$(1.0 \sim 1.5) \times 10^{-3} \mu m^2$ 的占 7.14%，$(1.5 \sim 2.0) \times 10^{-3} \mu m^2$ 的占 3.57%，大于 $2.0 \times 10^{-3} \mu m^2$ 的占 25%。20 口井资料的统计分析表明，太原组主煤层试井渗透率变化范围为 $(0.013 \sim 6.732) \times 10^{-3} \mu m^2$。其中渗透率小于 $0.1 \times 10^{-3} \mu m^2$ 的占 25%，$(0.1 \sim 0.5) \times 10^{-3} \mu m^2$ 的占 35%，$(0.5 \sim 1.0) \times 10^{-3} \mu m^2$ 的占 15%，$(1.0 \sim 1.5) \times 10^{-3} \mu m^2$ 的占 10%，$(1.5 \sim 2.0) \times 10^{-3} \mu m^2$ 的占 5%，大于 $2.0 \times 10^{-3} \mu m^2$ 的占 10%。

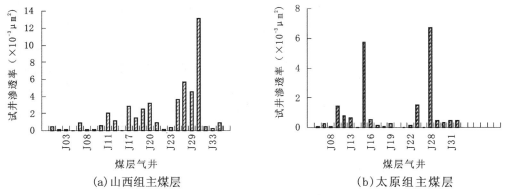

(a) 山西组主煤层　　　　　　　　(b) 太原组主煤层

图 2-4　沁水盆地主煤储层试井渗透率分布棒带图

研究区主煤层试井渗透率介于 $(0.015 \sim 13.18) \times 10^{-3} \mu m^2$ 之间。太原组主煤层试井渗透率分布于 $(0.013 \sim 6.732) \times 10^{-3} \mu m^2$ 之间，试井渗透率变化的幅度较大，可达 2～3 个数量级。山西组主煤层与太原组主煤层试井渗透率区域分布显示出类似的展布态势，即"南北高，中间低，翼部高，轴部低"，渗透率最高的地段位于南部的潘庄——樊庄地区和北部的寿阳——阳泉地区（见图 2-5）。

研究区山西组被测试主煤层埋藏深度介于 289～781.23 m 之间，太原组被测试主煤层埋藏深度介于 369～869 m 之间，两组主煤层试井渗透率均呈现出随埋深加大而减小的总体趋势，但数据相当离散（见图 2-6）。由此表明，在埋藏深度对煤储层原始渗透率的总体控制背景下，其他因素可能对渗透率起着更为重要的控制作用。

2.3.2　试井渗透率与原始储层压力之间关系

研究区山西组主煤层储层压力变化于 1.34～6.34 MPa 之间，储层压力梯度介于 4.27～8.50 kPa/m 之间；太原组主煤层压力介于 2.67～6.114 MPa 之间，压力梯度变化于 4.63～9.75 kPa/m 之间（见图 2-7，图 2-8）。由于静水压力梯度为 9.80 kPa/m，故沁水石炭——二叠系煤储层处于欠压－正常压力状态，煤层气开采的储层压力条件为不利－较为有利。煤储层的这种压力状态，与沁水盆地燕山期以来总体上处于抬升的大地构造背景有关。

在区域上，山西组及太原组主煤层储层压力均呈现出"轴部高，四周低"的总体展布趋势。煤储层压力与渗透率之间的关系，与埋深和渗透率的关系类似，即储层压力增大，渗透率有降低的总体趋势，但十分离散，这是两者处于同样的构造控气背景的必然结果（见图 2-9）。然而，随储层压力梯度的增大，煤储层渗透率具有增大的趋势（见图 2-10）。

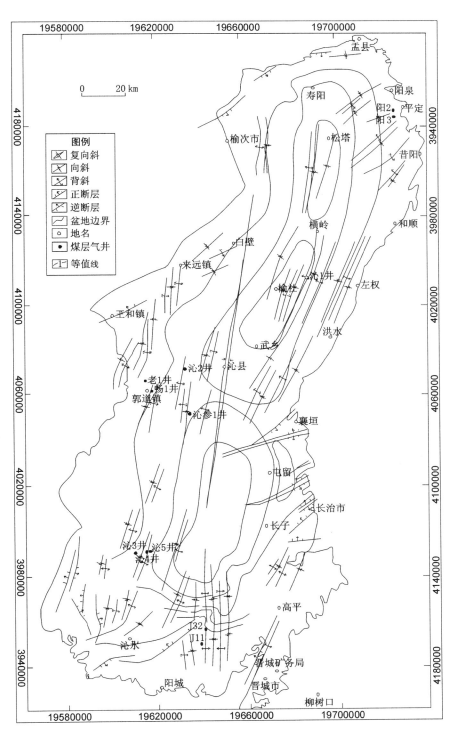

图 2-5　沁水盆地山西组主煤储层试井渗透率分布平面图

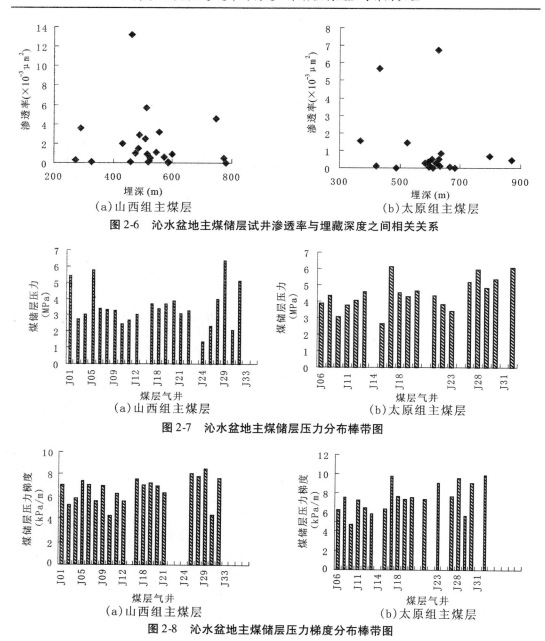

（a）山西组主煤层 （b）太原组主煤层

图 2-6 沁水盆地主煤储层试井渗透率与埋藏深度之间相关关系

（a）山西组主煤层 （b）太原组主煤层

图 2-7 沁水盆地主煤储层压力分布棒带图

（a）山西组主煤层 （b）太原组主煤层

图 2-8 沁水盆地主煤储层压力梯度分布棒带图

从煤储层埋藏深度与原始储层压力关系来看，两者之间呈正相关关系（见图 2-11）。煤储层中流体受到三方面力的作用，即上覆岩层压力、静水柱压力和构造应力。当煤储层渗透性较好并与地下水发生水力联系时，孔隙流体所承受的压力主要为连通孔道中的静水柱压力，即储层压力约等于静水压力；若煤储层被不渗透地层所包围，储层中流体由于被封闭而不能自由流动时，储层孔隙流体压力与上覆岩层压力保持平衡，此时储层压力主要来自上覆岩层压力。可见，无论在哪种情况下，煤储层压力都与其埋深有关（王洪林等，2000），但两者关系在后一种情况下更为密切。

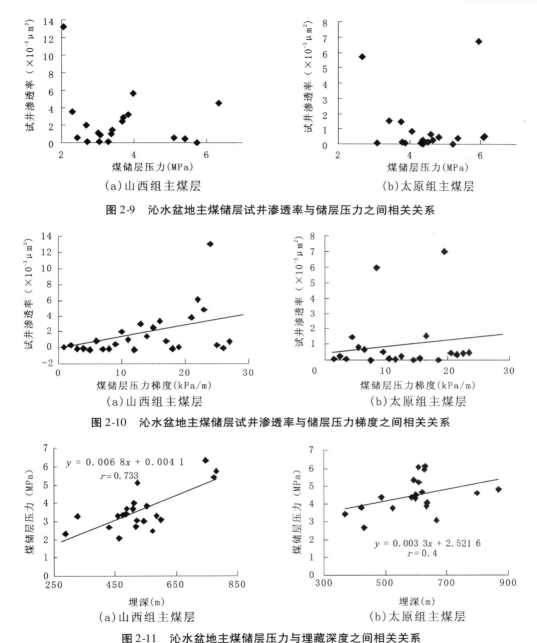

（a）山西组主煤层　　　　　　　（b）太原组主煤层

图 2-9 沁水盆地主煤储层试井渗透率与储层压力之间相关关系

（a）山西组主煤层　　　　　　　（b）太原组主煤层

图 2-10 沁水盆地主煤储层试井渗透率与储层压力梯度之间相关关系

（a）山西组主煤层　　　　　　　（b）太原组主煤层

图 2-11 沁水盆地主煤储层压力与埋藏深度之间相关关系

2.3.3　试井渗透率与原始地应力之间关系

统计结果表明,研究区原地应力(σ)在 5.05 ~ 13.61 MPa,两组主煤层的地应力以及地应力梯度均随着埋深的增加而增加,太原组主煤层地应力以及地应力梯度明显高于山西组主煤层的地应力和地应力梯度(见图 2-12、图 2-13)。这种现象主要与区域应力场和煤层埋深密切相关,上覆应力是地应力的重要组成部分,并且是其随埋深增加而增加的原因。

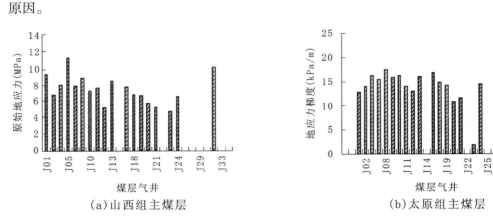

（a）山西组主煤层　　　　　　　（b）太原组主煤层

图2-12　沁水盆地主煤储层原始地应力分布棒带图

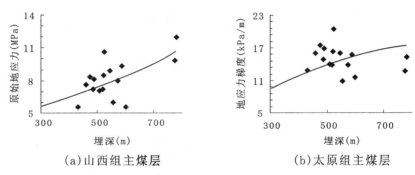

（a）山西组主煤层　　　　　　　（b）太原组主煤层

图2-13　沁水盆地主煤储层原始地应力与埋藏深度之间相关关系

原地应力对煤储层的渗透性具有重要的控制作用,煤储层试井渗透率(K)与原地应力之间具有良好的幂指数相关关系,地应力与渗透率关系的分析详见2.4.3。

2.4　构造作用与煤储层渗透率之间的耦合关系

构造作用对渗透率的控制是一个极为复杂而庞大的系统问题,作用因素主要有构造应力场、构造样式等。古构造应力场通过对构造样式的控制而对煤储层渗透率施加影响。现代构造应力场与构造样式叠加,共同控制着煤储层天然裂隙的开合程度,从而影响到煤储层渗透率的高低。

在区域上,与构造样式相关的煤储层受力变形状况可用构造曲率来指示。在沁水盆地,高构造曲率指示出煤储层变形强烈而构造裂隙相对发育的地段,高现代构造应力场最大主应力差显示出煤储层裂隙被相对拉张的地带。然而,如果仅有较高的构造曲率,而最大主应力差相对较小,则虽然煤储层构造裂隙可能较为发育,但裂隙处于闭合状态,煤储层的渗透性仍然相对较低。因此,高构造曲率是高渗透性煤储层发育的物质基础,高最大主应力差是高渗透性煤储层发育的构造应力条件,只有在两者有利匹配的地段,较高渗透性的煤储层才有可能发育。

2.4.1　构造样式对煤储层渗透率的控制关系

构造样式是指在一定应力方式作用下产生的构造变形的几何形态。不同构造样式是局部应力场作用的产物,它们所处的边界条件、岩石力学性质、受力方式不同,必然对煤储层渗透率呈现出不同的控制规律。

尽管研究区主煤层试井渗透率变化较大,但仍可发现某些规律。煤储层渗透率最高的块段分布于盆地南缘的潘庄—樊庄地区,普遍在 1×10^{-3} μm^2 以上。南部和中部以较高渗透率为主,局部为中等渗透率。随着向向斜轴部的靠近,煤层埋深增大,再加上次级褶曲的逐渐减弱,煤储层渗透率逐渐变小。盆地北部处于沁水复式向斜轴由南端弧形展布转为近南北向展布的位置,寿阳—阳泉矿区受到构造叠加影响,裂隙发育程度较好,次级褶曲发育,煤储层原始渗透率较高,试井渗透率出现异常的频率较大。

在区域上,沁水盆地煤储层试井渗透率具有“轴部低,两翼与断层带高”的总体特点,并与某些构造样式之间具有较为明显的关系:

(1)复向斜轴部。盆地轴部的试井渗透率资料较少,向总体复向斜轴部延伸,煤储层埋深增大,主煤层埋深普遍大于 1 000 m,根据渗透率与埋深的经验关系可推断出,在复向斜轴部地层深处,地应力对煤储层的渗透率影响较为显著,估计煤储层渗透率普遍要低于 0.1×10^{-3} μm^2。

(2)断层带。晋城(新)矿区位于沁水盆地南部仰起端,总体构造形态为一倾向 NW 的平缓单斜,伴有次级宽缓褶曲。东界的晋获断裂带是一条落差较大的白马寺逆断层。中西部以 NNE 和 NE 向构造为主;东部煤层遭受强烈的风化剥蚀,形成完全开放的构造环境,构造应力释放,煤储层渗透性较好。断裂派生的局部构造应力,使煤层裂隙较为发育,煤储层渗透率在断层带附近相对较大,如 J25 井主煤储层渗透率达 3.61×10^{-3} μm^2,J31 井主煤储层渗透率达 0.96×10^{-3} μm^2。远离断层带,煤储层渗透率逐渐降低,如 J14 井主煤储层渗透率只有 0.017×10^{-3} μm^2。

(3)单斜带。煤储层受成煤期后构造改造作用相对较弱,煤层结构较为完整,裂隙相对不发育,煤储层渗透率较低。如 J05、J06、J09 井位于沁水复向斜东翼构造相对简单的单斜带上,煤储层渗透率较低,分别为 0.015×10^{-3} μm^2、0.029×10^{-3} μm^2 和 0.029×10^{-3} μm^2。

(4)褶皱复合叠加带。在这类构造部位,煤储层试井渗透率异常高的现象较为频繁。研究区褶皱复合叠加带主要集中在盆地的南、北两缘,大致经历了相似的构造应力场演化。印支期近 SN 向的构造挤压,使南、北两缘隆起抬升,并形成了近 EW 向褶皱。燕山期 NWW—SEE 向近水平挤压应力场在盆地内部形成了以 NE—NNE 向最为明显的背向斜相间的宽缓褶皱,对南北两缘印支构造有一定程度的构造叠加,但未产生明显的改造。

复式向斜北部仰起端的寿阳矿区,总体为走向 EW 向南倾斜的单斜构造。在印支期形成的 EW 向褶皱,与燕山期 EW 向单斜带、NE 向褶皱及盆地主体 NNE 向褶皱复合叠加部位,使煤储层构造裂隙较为发育(见 2.2 节)。燕山期中—后期至喜马拉雅期,盆地北部“跷起”,垂向应力得到部分释放,裂隙张开,煤储层渗透率增大。在山西组主煤储层的 7 个数据中,超过 5×10^{-3} μm^2 的有 3 个;太原组主煤储层的 7 个数据中,大于 5×10^{-3} μm^2 的有 4 个,其中 3 个在 20×10^{-3} μm^2 以上(见表 2-3)。

表 2-3　盆地北部寿阳矿区主煤储层试井渗透率　　（单位：$\times 10^{-3}\ \mu m^2$）

井　号	J01	J02	J03	J04	J28	J29	J30	J31	平均
山西组	0.494	0.103	0.156	—	5.67	4.552	13.18	0.93	3.58
太原组	19.928	25.81	—	45.80	6.732	0.464	0.3525	0.43	14.22

2.4.2　构造曲率与煤储层裂隙发育区预测

　　曲率是反映线或面弯曲程度的量化参数，构造曲率是构造应力场作用的结果。采用构造曲率研究裂隙发育程度和分布规律存在两个前提：①所研究的地层必须是受构造应力作用而变形弯曲的岩层，如表现为横弯褶皱、纵弯褶皱等；②假设岩层为完全的弹性体，未考虑塑性变形，构造裂隙产生于岩层曲率较大处，在岩石力学性质相似的条件下，曲率越大，裂隙越发育。因此，曲率值反映出弯曲岩层中由于派生拉张应力而形成的张性裂缝的相对发育程度。

　　计算沁水盆地煤储层构造主曲率的步骤为：首先，利用钻井、地震等资料取得上石炭统太原组和下二叠统山西组的地层厚度，并取奥陶系顶面高程与太原组—山西组地层厚度之和的一半，作为太原组—山西组地层中面高程；然后，将研究区网格化为 12 450 个结点，采用极值主曲率法计算出每个结点的曲率值，作为预测煤储层构造裂隙相对发育程度的基础依据。

　　总体来看，沁水盆地构造曲率并不太高，绝对值一般在 0.1×10^{-4}/m 左右，也有达到 0.2×10^{-4}/m 的地段，最高可达 5×10^{-4}/m 以上。构造曲率在向斜部位为负值，在背斜部位为正值，高曲率值位于褶皱作用相对强烈的地区。

　　因此，以构造曲率绝对值 0.1×10^{-4}/m 为标准，大于此曲率值的构造带中构造裂隙相对发育，具有发育高渗透率煤储层的裂隙基础。沁水盆地共发育 8 个符合这一标准的构造带，包括：①北部东端的沾尚—北横岭鼻状挠褶带和昔阳挠曲构造带，主曲率一般为 $(0.1 \sim 0.5) \times 10^{-4}$/m；②中北部中段的横岭—南马会背斜构造带中段，主曲率大于 0.1×10^{-4}/m；③中北部东侧的秋树岭—狼卧沟背斜构造带，主曲率大于 0.5×10^{-4}/m；④中部东侧的监漳—磨盘垴背斜构造带，主曲率大于 0.1×10^{-4}/m；⑤中部西段的分水岭—柳湾和漳源—王家庄背斜带，主曲率为 $(0.3 \sim 0.5) \times 10^{-4}$/m；⑥中南部西段的双庙沟背斜构造带，主曲率大于 0.1×10^{-4}/m；⑦南部东侧的丰宜—岳家庄背斜构造带，主曲率大于 0.1×10^{-4}/m；⑧南端的阳城—晋城盆地仰起端，主曲率在 $(0.1 \sim 0.3) \times 10^{-4}$/m。

　　对比煤储层构造主曲率（γ）与主煤储层试井渗透率（K）发现，煤储层构造主曲率以中等为好，过高或过低都不利于煤储层渗透率的提高。煤储层渗透率大于 0.5×10^{-3} μm^2 对应的构造曲率分布于 $(0.05 \sim 0.2) \times 10^{-4}$/m，构造曲率低于 0.05×10^{-4}/m 或高于 0.2×10^{-4}/m 时，渗透率反而降低（见图 2-14）。构造曲率反映了裂隙的相对发育程度。

　　煤岩层在受外力弯曲后，中性面以上的部位受到局部张应力的作用，形成张裂缝，中性面以下的部位受到挤压应力的作用，不能形成裂缝。构造曲率过小，裂隙系统不发育，煤储层的渗透性能无从实现，这是显而易见的。但也并非说构造曲率越大，煤储层渗透率就越大。

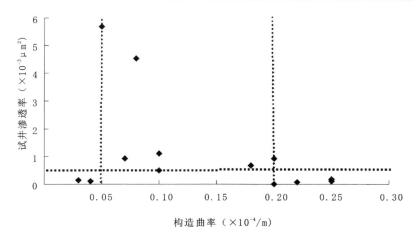

图 2-14　沁水盆地山西组主煤储层构造主曲率与煤储层试井渗透率之间关系

经过对天然裂隙系统的发育状况、煤层气所赋存构造背景以及构造曲率相对较高地段的研究可以发现,上述煤储层渗透率较高的地段恰好位于上述三者匹配良好的背景下。高构造曲率指示出煤储层构造裂隙相对发育的地段,高现代构造应力场最大主应力差显示出煤储层裂隙被相对拉张的地段。然而,如果仅有较高的构造曲率而最大主应力差相对较小,则煤储层构造裂隙虽然可能较为发育,但裂隙处于闭合状态,煤储层的渗透性仍然相对较低。因此,天然裂隙系统的发育状况是高渗透性的必要条件,高构造曲率是高渗透性煤储层发育的物质基础,高最大主应力差是高渗透性煤储层发育的构造应力条件,只有在三者有利匹配的地段,较高渗透性的煤储层才有可能发育。

基于这一原理,将最大主应力差分布图与构造曲率分布图叠加,可知沁水盆地中南部高渗透性煤储层可能分布在三个地段:一是盆地南部仰起端的阳城—晋城地区,二是处于中南部西段安泽—沁水之间的双庙沟背斜构造带,三是中部西侧沁源周围的分水岭—柳湾背斜带。三个地段均具有高构造曲率与高最大主应力差叠合的构造特征,总体上呈 NNW 向展布。这一认识,与近年来盆地内 50 余个煤层气探井的试井渗透率资料高度一致。

构造主曲率大于 $0.1 \times 10^{-4}/m$ 的地段,煤储层中构造裂隙可能相对发育。高构造曲率为高渗透性煤储层发育提供了物质基础,高最大主应力差为形成煤储层裂隙拉张创造了构造应力条件,两者有利匹配的地段分布于盆地中南部的阳城—晋城、安泽—沁水、沁源周围三个地段,构成总体上呈 NNW 向展布的较高渗透性煤储层发育地带。构造应力控制煤储层渗透率高低的实质,是通过对天然裂隙开合程度的控制而施加影响的。

2.4.3　现代构造应力场对煤储层渗透性的控制关系

2.4.3.1　现代构造应力场最大主应力差与煤储层渗透性关系

有限元法数值模拟结果表明,沁水盆地现代构造应力场最大主应力为压应力,方向为 NEE—SWW,产状近于水平;构造应力场主应力差值较高的块段分布于 3 个地段,即南部的阳城地区、中南部的潞城与沁源一带、中部的武乡与左权一带(见图 2-15)。

对比现代构造应力场最大主应力差($\Delta\sigma$)与主煤储层试井渗透率(K)发现,最大主应力差增大,煤储层渗透率呈指数形式急剧增高(见图 2-16)。两者之间关系表示为

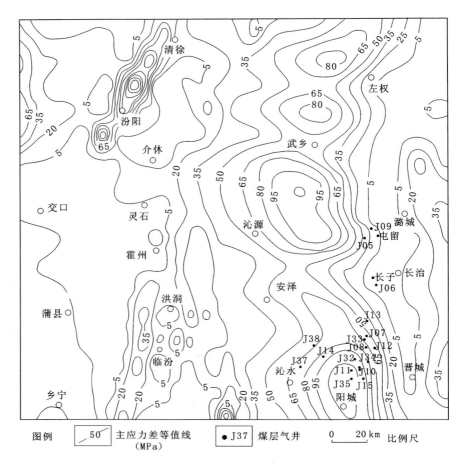

图例 ⎯50⎯ 主应力差等值线 ●J37 煤层气井 0 20 km 比例尺
　　　　　　（MPa）

图 2-15　沁水盆地现代构造应力场最大主应力差等值线图（据刘焕杰等，1998）

$$K = 0.014\,7e^{0.041\,6\Delta\sigma}, r = 0.747\,9 \quad （山西组主煤储层） \tag{2-2}$$

$$K = 0.066\,8e^{0.017\,8\Delta\sigma}, r = 0.404\,0 \quad （太原组主煤储层） \tag{2-3}$$

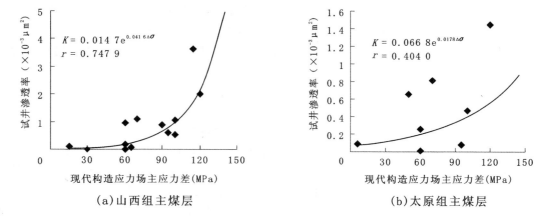

（a）山西组主煤层　　　　　　　　（b）太原组主煤层

图 2-16　沁水盆地现代构造应力场最大主应力差与煤储层试井渗透率之间关系

由此,可将研究区主煤储层渗透率与现代构造应力场最大主应力差之间关系区分为 3 个层次:①双高类别,主应力差高,渗透率也较高,$\Delta\sigma > 100$ MPa 或 150 MPa,$K > 1 \times 10^{-3}$ μm^2;②双中类别,主应力差中等,渗透率也中等,85 MPa $< \Delta\sigma < 100$ MPa 或 110 MPa $< \Delta\sigma < 150$ MPa,0.5×10^{-3} $\mu m^2 < K < 1 \times 10^{-3}$ μm^2;③双低类别,主应力差低,渗透率也较低,$\Delta\sigma < 85$ MPa 或 110 MPa,$K < 0.5 \times 10^{-3}$ μm^2(见表 2-4)。

表 2-4　沁水盆地现代构造应力场与煤储层试井渗透率关系

煤储层	参数	两者之间关系		
		双高类别	双中类别	双低类别
山西组主煤储层	$\Delta\sigma$(MPa)	>100	100~85	<85
	K($\times 10^{-3}$ μm^2)	>0.5	0.5~1.0	<1.0
太原组主煤储层	$\Delta\sigma$(MPa)	>150	150~110	<110
	K($\times 10^{-3}$ μm^2)	>0.5	0.5~1.0	<1.0

傅雪海(1999)通过对沁水盆地中南部煤储层压裂闭合压力和地球物理测井资料的分析,认为盆地中南部临界埋藏深度约为 500 m,即在埋深 500 m 以浅,σ_1 为最大水平应力,σ_2(中间主应力)为垂直应力,σ_3 为最小水平应力;在埋深 500 m 以深,最大主应力 σ_1 为垂直应力,中间主应力 σ_2 为最大水平应力,σ_3 为最小水平应力。研究区山西组煤储层试井层位埋深为 273.6~781.0 m,平均为 522.6 m;太原组埋深 369.869~869.0 m,平均 603.63 m。由此可知,埋深增大,煤储层原始渗透率随现代构造应力场最大主应力差增大而增高的趋势会越来越弱,上述回归方程相关系数的变化也说明了这一机理。也就是说,埋深增加,现代构造应力场对煤储层渗透率的控制作用会越来越弱,而上覆岩柱垂向应力的控制作用将会有所增大。

2.4.3.2　现代构造应力场最小水平应力与煤储层渗透性关系

试井获得的原地应力相当于现代构造应力场最小水平应力,与区域应力场和煤层埋深密切相关,其方向就是煤层压裂裂缝的延伸方向,对煤储层渗透性具有控制作用。统计结果表明,研究区原地应力(σ)在 5.05~13.61 MPa,略高于美国圣胡安盆地煤层气高产区域的地应力(3~8 MPa),并与煤储层试井渗透率(K)之间具有良好的幂指数相关关系,即

$$K = 188.04e^{-0.8012\sigma}, r = 0.65 \qquad (2-4)$$

煤储层渗透率随原地应力的增大呈指数关系减小(见图 2-17)。当原地应力小于 6.5 MPa 时,试井渗透率大于 1×10^{-3} μm^2;当原地应力介于 6.5~7.4 MPa 之间时,试井渗透率为 $(0.5~1) \times 10^{-3}$ μm^2;当原地应力大于 7.4 MPa 时,试井渗透率小于 0.5×10^{-3} μm^2,并且随原地应力的降低而大幅度减小。煤储层渗透率与原地应力梯度之间的关系却比较离散。

在地层原始状态下,煤储层保持着力学上的受力平衡,储层中流体有沿受力较弱、能量较小的方向发生运移和泄漏的趋势。受力平衡一旦被打破,流体就会沿着这个方向发生运移,并且这个方向的应力值越小,流体运移的势能就越大,表现为储层通过流体的能

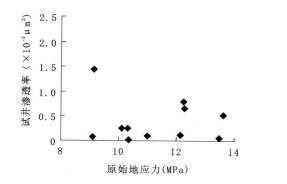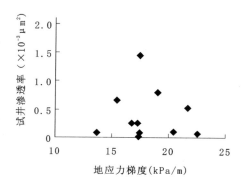

图 2-17　沁水盆地太原组主煤储层试井渗透率与原始地应力之间相关关系

力强,也就是储层的渗透率高。据观测统计,研究区煤储层主要裂隙组方向与现代构造应力最大主应力方向趋于一致,导致裂隙面发生应力松弛,现代构造应力最小主应力越大,抵抗裂隙沿这个方向发生松弛的效应越明显。由此,导致裂隙开合程度受到抑制,裂隙面宽度增量变小,煤储层渗透率减小。

2.4.4　现代构造应力场对煤储层渗透性控制的机理

煤储层是由孔隙和裂隙组成的双重孔隙介质,其渗透率与裂隙性质密切相关。研究表明,理想的裂隙—基质系统中水平渗透率(K_H)与裂隙的各种要素之间存在如下关系(Hobbs,1967)

$$K_H = K_M + 8.44 \times 10^7 W^{-3} \cos 2\alpha / L \tag{2-5}$$

式中:K_M 为基质渗透率;W 为裂隙壁距;L 为裂隙间距;α 为裂隙面与水平面夹角。

煤储层渗透率增加主要来自天然裂隙贡献(McKee,1998),K_M 可以忽略不计。研究区中,煤储层中天然裂隙多与地层面近于垂直,地层倾角小于 $5° \sim 10°$,即 $\cos 2\alpha \approx 1$。因此,上式可简化为

$$K_H = 8.44 \times 10^7 W^{-3} / L \tag{2-6}$$

可以看出,煤储层中天然裂隙的壁距对原始渗透率起着关键性的控制作用。秦勇(1999)研究认为,构造应力场主应力差对岩层裂隙壁距和渗透率的影响存在两类效果截然相反的情况:当构造应力场最大主应力方向与岩层优势裂隙组发育方向一致时,裂隙面实质上受到相对拉张作用,主应力差越大,相对拉张效应越强,越有利于裂隙壁距的增大和渗透率的提高;而在最大主应力方向与岩层优势裂隙组发育方向垂直时,裂隙面受到挤压作用,主应力差越大,挤压效应越强,裂隙壁距则减小甚至密闭,渗透率越低。聂德新(1992)在研究软弱层带时也认为,当最大主应力垂直结构面时,结构面受到挤压作用而发生闭合,裂隙水渗流能力大大减弱;当最大主应力平行结构面时,结构面实质上受到相对拉张作用而张开,裂隙水渗流显著增强。

实质上,构造应力是通过对天然裂隙开合程度的控制而实现对储层原始渗透率的控制的。研究区煤层优势天然裂隙走向与现代构造应力场最大主应力近于平行,即构造应力场最大主应力方向与煤层优势裂隙组发育方向一致。裂隙面实质上受到相对拉张作

用,主应力差越大,相对拉张效应越强,越有利于裂隙壁距的增大和渗透率的提高,因而表现出煤储层原始渗透率随现代构造应力场主应力差的增大而增大的现象。

由于煤储层地质条件比较复杂,煤储层结构面的方向并非理想的那样简单,煤储层结构面与现代构造应力场主应力也并非完全的一致,换句话说,现代构造应力场主应力方向与煤储层结构面之间必定存在一定的夹角,主应力对裂隙面开合程度的控制实际上是通过控制结构面滑移的摩擦力来实现的。

根据库仑准则,作用在裂隙面上的正应力和剪应力为

$$\sigma = \frac{1}{2}(\sigma_1 + \sigma_2) + \frac{1}{2}(\sigma_1 - \sigma_2)\cos 2\beta \qquad (2\text{-}7)$$

$$\tau = -(\sigma_1 - \sigma_2)\sin 2\beta \qquad (2\text{-}8)$$

格里菲思准则认为,不论物体受力状态如何,最终本质上都是由于拉伸应力而引起材料的破坏。脆性物体的破坏是由于物体内部存在的裂隙所决定的。由于微裂隙的存在,在裂隙的尖端产生应力的集中,从而使裂隙发生扩展。当区域应力场主挤压应力方向与优势裂隙方向夹角较大时,区域应力表现为压性作用,孔裂隙面将发生闭合,裂隙面上作用有正应力和剪应力;当剪切应力大于裂隙岩体的剪切强度时,裂隙因抵抗不了剪应力的作用而发生扩展。

Meclintock 等考虑这一因素,对格氏准则进行了修正

$$\sigma_1(f - \sqrt{f^2 + 1}) - \sigma_3(f + \sqrt{f^2 + 1}) = -2f\sigma_c + 4R_t\sqrt{\frac{\sigma_c}{R_t} + 1} \qquad (2\text{-}9)$$

式中: f 为裂隙面的摩擦系数; σ_c 为裂隙闭合所需的压力; R_t 为岩石单轴抗拉强度; σ_1 为最大主应力; σ_3 为最小主应力。

实际上,裂隙闭合所需的压应力 σ_c 值很小,可以忽略不计,式(2-9)可简化为

$$\sigma_1(f - \sqrt{f^2 + 1}) - \sigma_3(f + \sqrt{f^2 + 1}) = 4R_t \qquad (2\text{-}10)$$

由式(2-10)可知,对于某一具体的煤体而言,最大主应力、最小主应力和裂隙面之间的关系为一定值。对于本书所研究的煤样,抗拉强度远远小于其抗压强度。为了更为清楚地分析问题,可视 $R_t = 0$,可以得到

$$\frac{\sigma_1}{\sigma_3} = \frac{f + \sqrt{f^2 + 1}}{-f + \sqrt{f^2 + 1}} = 2f^2 + 2f\sqrt{f^2 + 1} + 1 \qquad (2\text{-}11)$$

分析可知,当最大主应力与优势裂隙发育方向一致时,最大主应力实际上转换为对裂隙的拉张应力,上式中的最大主应力 σ_1 转换为最小主应力 σ_3,而最小主应力 σ_3 转换为最大主应力 σ_1。这样,主应力差越大,裂隙面之间的摩擦力越小,越有利于裂隙的扩展和张开。当最大主应力与优势裂隙发育方向夹角较大时,最大主应力对裂隙表现为挤压应力,主应力差越大,挤压效应越强,裂隙面之间的摩擦力越大,抑制了裂隙的扩展,裂隙面发生闭合,因而煤储层的渗透率变小。如果说现代构造应力场是控制天然裂隙开合程度的表象特征的话,那么现代构造应力场对天然裂隙面间摩擦力的控制是其发生的根本内在因素或动力。

第 3 章　高煤级煤力学性质的构造控制

　　关于不同构造形态、不同地质力学环境下含气煤样物理力学特性的研究,目前未见报道。至于不同区域应力环境下煤样力学特性对煤样渗透性能的影响,尚未有人进行过深入系统的研究。本章采用自然煤样、饱和水煤样、气水饱和煤样三种类型样品,开展不同流体介质条件下地应力和煤基质收缩模拟实验,进而分析不同构造部位、不同应力环境下煤样力学性质的差异,探讨不同构造应力环境对煤层气开发过程的影响。

3.1　模拟实验基础

3.1.1　模拟实验原理

　　煤储层在多种力源综合作用下,经过漫长地质历史时期的演化,现今处于一种能量及应力平衡状态。煤储层的力学性质是在一定地应力条件下的表现,同一储层在不同的应力条件下常常表现出不同的力学性质。煤储层的这种性质,实际上反映出应力场和各点所受不同应力状态对其力学性质起着重要的控制和决定作用。具有相同煤岩成分的同一储层,在不同的应力作用下表现出不同的力学性质。煤层发生褶皱变形,在褶皱的转折端顶部受到拉应力作用,呈现出引张状态,可发生脆性张裂;而在褶皱核部,因受压应力作用,呈现出韧性变形的特征,可形成韧性剪切带。同一褶皱变形,不同部位应力状态有所不同。因此,处于不同应力环境以及不同构造部位的煤样必然具有不同的结构特征。

　　在煤层气开采过程中,随着煤储层孔裂隙中流体的释放,储层压力降低,影响区范围内各个方向上的应力将发生新的变化,造成煤体内应力场重新分布。原来所处的应力场及压力场平衡将会被打破,进而逐渐建立新的平衡。在建立新平衡的过程中,煤储层内部各质点之间的位置将发生变化,表现为体积或形状的改变,储层内部的孔裂隙将逐渐发生扩展。在应力作用下,煤储层内部裂隙的扩展过程对其渗透性变化起着根本性控制作用,煤储层渗透性会随其受应力状态的变化以及形变的发展而表现出动态变化的特征。因此,建立煤样变形特征与煤储层渗透性能的对应关系,是煤层气开发基础地质理论研究中的一项重要任务。阐明煤样受力变形过程与渗透率的关系,进而模拟煤储层应力环境下的相关力学特性,探讨不同构造应力环境或不同构造部位煤样的三轴力学性质,是不可或缺的有效途径。根据相似性原理,在相同模拟条件下,对不同煤样的三轴力学性质的对比研究,可反映煤样真实环境下的力学行为,进而得知储层环境下煤样力学行为的变化规律,推测其渗透性能变化规律或变化趋势。

　　煤储层对应力十分敏感,其应力状态和压力状态的改变必将极大地影响到渗透性的变化,因此煤储层力学性质是煤层气开采过程中其渗透性不断发生变化的重要控制因素。研究煤储层渗透性随煤层气产出的动态变化的核心,是研究储层所处原始状态下煤样的力学特性。

　　岩石力学性质主要包括岩石的变形特性和强度特性。岩石变形常用应力—应变关系来表示,根据应力—应变曲线,可以确定岩石的变形指标。强度特性用抗压、抗拉、抗剪强度或杨氏模量、泊松比等来体现。岩石的全程应力—应变曲线通常由压密阶段、线弹性阶段、非线性变形阶段和残余强度阶段组成(赵阳升,1994)。煤层气开发过程中,煤样的变形只涉及压密阶段和线弹性阶段。在煤层赋存的地层环境下,煤层气产出受地应力、储层压力以及煤物理力学性质等因素的综合作用。煤样力学性质的影响因素较多,在煤层气开发过程中,地应力、地下水、煤基质收缩对煤储层力学性质影响较为显著。

3.1.2　模拟实验装置与样品

　　煤样岩石力学性质实验是在中国石油勘探开发研究院廊坊分院压裂中心实验室进行的。该实验装置由美国 Terra Tek 公司制造,是目前世界上最先进的、高精度的拟三轴岩石力学测试系统(Rock Mechanics Testing System),主要用于模拟油藏原地条件(地应力、孔隙压力、温度)下岩石的力学行为(见图 3-1)。数据采集由计算机控制,岩样制备由专用设备支持,装置上所有传感器每年由国家标准计量局进行标定校核。

图 3-1　岩石力学实验系统

　　该岩石力学实验系统可模拟的地层条件为:垂向应力 0 ~ 800 MPa,水平应力 0 ~ 140 MPa,孔隙流体压力 0 ~ 100 MPa,地层温度 0 ~ 200 ℃。通过模拟实验,可获得不同应力条件下岩样的杨氏模量、泊松比、压缩系数、断裂韧性、热传导系数、孔隙弹性系数等力学参数,用于研究岩石孔隙度和渗透率与有效原地应力之间的耦合关系。

　　根据研究需要,各煤样品分别采自我国目前煤层气勘探开发最有前景的沁水盆地寿阳—阳泉矿区、潞安矿区和晋城矿区。选择不同的典型构造部位,在井下新揭露的工作面上采集煤岩大样 5 件。各采样点的构造特征简要描述如下:寿阳百僧庄矿,位于研究区北部,处于两条断层 F1、F2 的交会处;阳泉一矿,位于研究区北部,经过两期褶皱的复合叠加,处于构造反接部位;晋城凤凰山矿,位于研究区南部,晋获逆冲断裂带南段,主干逆冲断层的挤压破碎带不甚发育,构造岩均呈现碎裂结构(曹代勇,1998);高平望云矿,位于盆地南部,庄头正断层下盘,构造影响较弱,属原生结构煤;左权石港矿,位于盆地北部单斜带;阳城卧庄矿,位于盆地南部仰起端;潞安常村矿,位于盆地中南部,属原生结构煤;潞安五阳矿、沁源沁新矿、霍州李家村矿煤为中煤级煤,用于与高煤级煤对比分析。

平行煤层的层理面方向,利用取样钻,在每件大样中钻取直径 25 mm、高 50 mm 的圆柱形小样,并按国际岩石力学学会(ISRM)推荐标准,将每个小样进行端面整理。由于力学实验对样品具有破坏性,不同实验项目需用不同的小样来进行。因此,对每件大样均分别钻取 3 个圆柱小样,一个小样用于自然煤样模拟实验,其余两个小样用于流体介质条件下的模拟实验。实验前,将小样置于 5% KCl 溶液中,抽真空,排除其中的气相介质,饱和水平衡 24 ~ 48 h。

3.2　煤样的三轴力学性质及其构造控制规律

3.2.1　三轴模拟实验方案、数据处理及结果

围压设计为 8 MPa,轴压从大气压开始逐渐加大,加载速率为 0.035 MPa/s,直至样品破坏为止。实验过程中,计算机每 10 s 采集一组数据,主要有围压、轴压、流体压力、轴向应变、径向应变 1(垂直面裂隙)、径向应变 2(垂直端裂隙)、平均径向应变、体积应变、时间等。岩石的弹性模量是指单轴压缩条件下轴向压应力与轴向应变之比,常用的表示方法有初始模量、切线模量或割线模量。在有关煤岩力学性质文献和实验规程中,弹性模量一般是指割线模量,即在单轴抗压实验中,应力—应变关系中直线段的斜率,又被称之为杨氏模量。而泊松比指单轴压缩条件下岩石的横向应变与纵向应变之比,一般来说,只适用于岩石的弹性变形阶段。

煤层气开发均是在地下一定深度范围内进行的,人们更为关心的是原地应力条件下煤的力学性质,即饱和水、气煤样在围限压力下的力学行为和应力—应变关系所表现出的变形特征。在煤储层所处地应力环境下,随着煤层气的开采,围压的变化很小,可以视为不变。因此,实验采用假三轴来进行样品参数的实验。

在假三轴力学实验中,模拟地层的围压是通过油压来加载的,因此 $\sigma_2 = \sigma_3$,于是有

弹性模量
$$E = \frac{\sigma_1(\sigma_1 + \sigma_2) - \sigma_2}{(\sigma_1 + \sigma_2)\varepsilon_1 - 2\sigma_2\varepsilon_2} \tag{3-1}$$

泊松比
$$\nu = \frac{\sigma_2\varepsilon_1 - \sigma_1\varepsilon_2}{(\sigma_1 + \sigma_2)\varepsilon_1 - 2\sigma_2\varepsilon_2} \tag{3-2}$$

式中:E 为弹性模量;ν 为泊松比;σ_1、σ_2、σ_3 为三轴压力,σ_1 表示垂向压力,实验中指轴压,σ_2、σ_3 表示水平压力,实验中指围压,在假三轴力学实验中,$\sigma_2 = \sigma_3$;ε_1 为垂向应变,实验指轴向应变;ε_2 为横向应变,实验指平均径向应变。

将实验中得到的轴向应变、平均径向应变、轴压和围压代入上两式,求出每一点的弹性模量 E 和泊松比 ν。

对晋城凤凰山矿、阳泉一矿、左权石港矿、阳城卧庄矿的煤样分别进行了三种类型

（自然煤样、饱和水煤样、气水饱和煤样）的三轴压缩实验研究,高平望云矿、潞安常村矿、潞安五阳矿、霍州李家村矿、晋城成庄矿煤样的实验结果为作者前期研究工作（傅雪海等,2001）。寿阳百僧庄矿煤样由于裂隙极为发育,样品制作极难取得成功,样品制成的数量较少,并且在较低的轴向应力下即发生破裂,故实验结果未予采用。煤样三轴压缩模拟实验结果见表3-1,相关的应力—应变曲线见图3-2 ~ 图3-4。

表 3-1 不同构造部位煤样的力学参数实验结果（围压 $P_c = 8$ MPa）

采样位置	采样层位	煤层	$R_{o,max}$（%）	自然煤样			饱和水煤样			气水饱和煤样		
				P_0	E	ν	P_0	E	ν	P_0	E	ν
高平望云矿	P_{1s}	3	2.17	78	4 200	0.17	3 049		0.25	54	3 648	0.29
							59	4 263	0.14			
潞安常村矿	P_{1s}	3	2.10	52	3 650	0.16	42	3 351	0.20	59	4 536	0.28
潞安五阳矿	P_{1s}	3	1.89	39	3 529	0.17	41	3 360	0.19	22	2 380	0.43
霍州李家村矿	P_{1s}	3	0.89				44	4 296	0.11	54	4 471	0.12
晋城凤凰山矿	P_{1s}	3	3.83	78	4 280	0.33	58.8	2 440	0.33			
阳泉一矿	P_{1s}	3	2.24	52	4 840	0.23	23.8	2 810	0.38	18.5	1 960	0.12
左权石港矿	C_{1s}	15	2.30	56	3 730	0.45	34.8	2 630	0.29			
阳城卧庄矿	P_{1s}	3	4.29	70	4 230	0.28	62	4 550	0.36	52	4 250	0.42

注：P_c—围压（MPa）；P_0—抗压强度,MPa；E—弹性模量（MPa）；ν—泊松比。

由图 3-2 ~ 图 3-4 可以看出,不同应力环境、不同构造部位煤样的应力—应变曲线具有相似的总体变化特征,即均存在一直线段或近似直线段,但在相同载荷作用下,不同构造部位样品力学性质存在差异。望云矿自然煤样、水饱和煤样、气水饱和煤样,李家村矿水饱和煤样,常村矿水饱和煤样均质性较好,径向应变 1 与径向应变 2 几乎重合。阳城卧庄矿自然煤样、水饱和煤样,左权石港矿自然煤样、饱和水煤样各向异性最大,即径向应变 1 与径向应变 2 差别最大。

3.2.2 不同构造部位煤样的弹性特征

不同构造环境煤样的应力—应变曲线具有相似的总体形态,在低压阶段均存在一直线段或近似直线段。随着轴向压力增大,煤样在一定临界压力下出现屈服平台,呈现塑性流动现象。但是,弹性阶段直线斜率存在着相当大的差异,也就是弹性模量的差异。

弹性变形阶段是原生裂纹经过压密段已经被压密,而新裂纹又没有进入到大量发生、发展的阶段。因此,可以认为在弹性变形阶段没有新的裂纹发生和扩展。弹性模量表示了煤样抵抗变形的能力。由弹性阶段的本构方程 $\sigma = E\varepsilon$ 可知 $\varepsilon = \sigma/E$,也就是说,弹性模量大的煤样在单位轴向压力的变化下,其应变量较小,反映了单位轴向压力的变化与轴向应变的能力。总体上来看,自然煤样的弹性模量大于饱和水及气水饱和煤样。自然煤样弹性模量大的煤样,其水饱和煤样的弹性模量也大（见图3-5）。

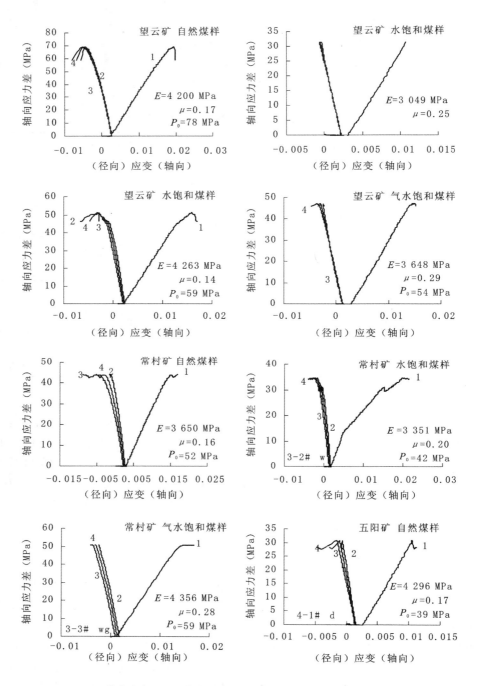

1—轴向应变；2—径向应变1；3—径向应变2；4—平均径向应变

图 3-2　三轴压缩应力—应变曲线(一)

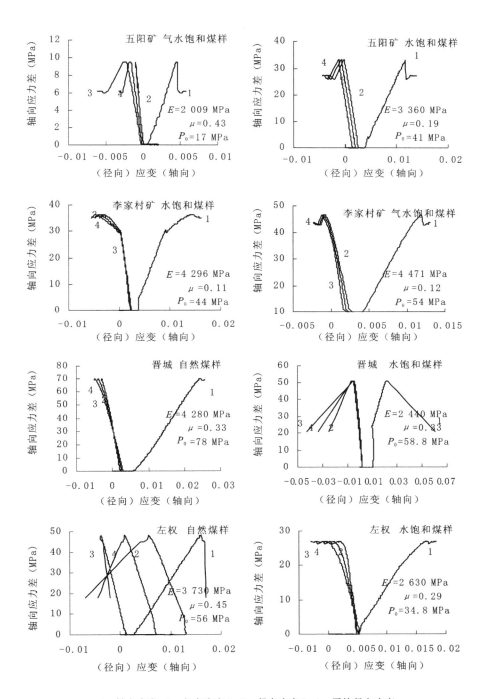

1—轴向应变；2—径向应变1；3—径向应变2；4—平均径向应变

图 3-3　三轴压缩应力—应变曲线（二）

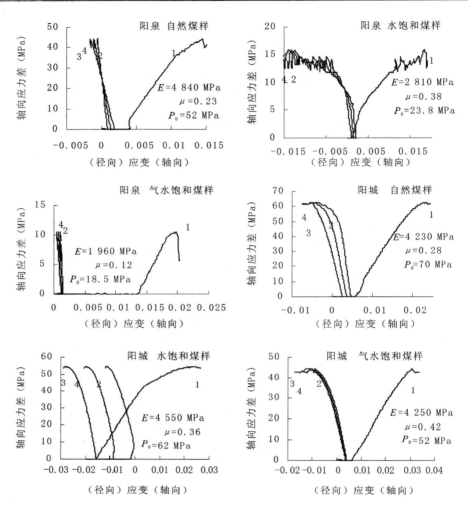

1—轴向应变；2—径向应变1；3—径向应变2；4—平均径向应变

图 3-4　三轴压缩应力—应变曲线(三)

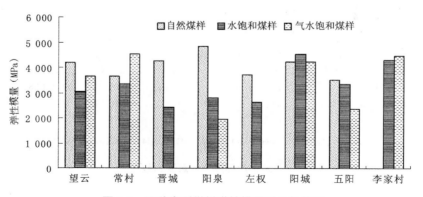

图 3-5　三种类型煤样弹性模量对比柱状图

　　煤样的弹性模量在不同构造部位的差异性较为明显,自然煤样弹性模量以阳泉为最高,其次是晋城、阳城,最小的是常村矿。晋城逆断层和阳城南部仰起端经过强烈的构造挤压作用及抬升作用,弹性模量较大,应变量较小。阳泉矿区除受沁水复向斜控制外,还主要受矿区北部近东西向断层和褶曲的影响,处于构造反接部位,煤层经过多期构造的作用,各向同性较强,在弹性阶段范围内,单位轴向压力作用下其轴向应变能力较小。

3.2.3　不同构造部位煤样的抗压强度特征

　　自然煤样的抗压强度以望云矿和晋城为最高,其次为阳城,最小是常村和阳泉。抗压强度自然煤样 > 水饱和煤样 > 气水饱和煤样,自然煤样抗压强度大的样品,其水饱和及气水饱和样品的抗压强度也相应较大(见图 3-6)。

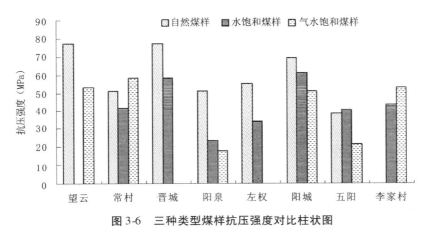

图 3-6　三种类型煤样抗压强度对比柱状图

　　晋城逆断层存在挤压作用,阳城位于盆地南部仰起端而曾隆起抬升,望云矿煤层属于原生结构,主要受成煤历史过程中的沉积作用影响,故煤样具有较高的抗压强度,同时也反映了单位压力下的轴向应变能力较差,与弹性规律中所显示的规律一致。位于单斜带的左权以及煤样具有原生结构的常村矿,煤的各向异性较强,在应力作用下沿着强度较低的方向发生变形,直至破裂,抗压强度较小,单位压力下的应变能力较强。与高煤级煤相比,五阳矿和李家村矿煤样的抗压强度较低,主要是因为较低煤级煤的煤化作用程度相对较浅,孔隙度较高,煤颗粒间黏结力较弱。阳泉矿区受沁水复向斜和矿区北部近东西向断层和褶曲的影响,煤层经过多期构造的作用,超出弹性范围后,煤样的力学性质发生较大的变化,与其他煤样相比,在较小的压力下就发生破裂,也就是抗压强度较小。

3.2.4　不同构造部位煤样的泊松比特征

　　总体上来说,泊松比自然煤样 < 水饱和煤样 < 气水饱和煤样,只有个别样品存在着偶然现象。泊松比高的气水饱和煤样,其水饱和煤样的泊松比也相应较高。高煤级煤样中,煤样的泊松比在不同构造部位差异较为明显,气水饱和煤样泊松比以阳城最大,其次为望云矿和常村矿,最小的是阳泉,说明气水饱和煤样的径向应变能力较强。与高煤级煤相比,五阳矿气水饱和样品的泊松比明显要高于其他样品(见图 3-7)。

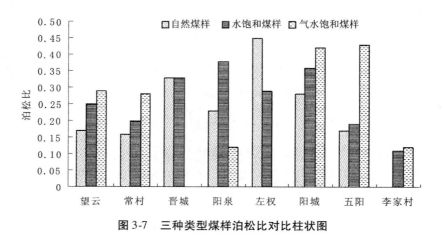

图 3-7　三种类型煤样泊松比对比柱状图

　　三轴压缩实验对比分析结果表明,自然煤样的工程弹性模量和抗压强度大于水饱和煤样,水饱和煤样又大于气水饱和煤样,而泊松比正好相反。水饱和除影响煤样的变形和强度特性外,也对煤样的变形机制产生重要的影响,自然煤样的破坏呈现出脆性破坏的典型特征。

3.3　煤样的吸附膨胀性质及其构造控制规律

3.3.1　吸附膨胀模拟实验方案、数据处理及结果

　　吸附膨胀实验是在保持有效应力不变的情况下进行的,以消除有效应力的影响。考虑到面割理方向煤层渗透性最大,而面割理又垂直或近于垂直层理面,因此流体压力与径向膨胀量的定量关系对煤储层渗透性的变化更具有实际意义,予以重点考查。

　　考虑到煤对 CO_2 的吸附能力强,吸附平衡时间快以及 CO_2 实验较为安全等因素,吸附膨胀实验采用纯度为 99.99% 的 CO_2 气体进行。实验中保持有效应力不变,CO_2 压力为 0.5、1.0、2.0、3.0、4.0 MPa,相应围压为 1.5、2.0、3.0、4.0、5.0 MPa,测量煤样在每一交叉条件下吸附 CO_2 的纵向、径向及体积膨胀量(每点稳定 6 h 以上)。煤的吸附与解吸在一定条件下是一个可逆过程,因此吸附膨胀实验又可称为煤基质收缩实验。

　　Harpalani 等(1990)研究表明,CH_4 和 CO_2 的吸附应变能被很精确地模拟成朗格缪尔等温吸附模型。因此,吸附应变数据可用下面的与朗格缪尔等温吸附模型具有同样数学形式的方程来描述

$$\varepsilon_V = \frac{\varepsilon_{max} p}{p + p_{50}} \tag{3-3}$$

式中:ε_V 为压力 p 下吸附的体积应变;ε_{max} 与朗格缪尔方程中朗格缪尔体积数据表达的含义相当,代表理论最大应变量,即无限压力下的渐近值;p_{50} 与朗格缪尔压力数据表达的含义相当,代表煤样达到最大应变量的一半时的压力。

　　Levine(1996)的实验进一步表明,吸附应变与压力并非呈线性关系,而呈一条曲线,

低压时曲线较陡,高压时曲线变得平缓,与吸附等温线类似。

在式(3-3)中,体积应变在任何压力下的微分,就是应变率(M_S),即

$$M_S = \frac{d\varepsilon_V}{dp} = \frac{\varepsilon_{max}p_{50}}{(p+p_{50})^2} \tag{3-4}$$

计算 ε_{max} 和 p_{50} 分两步进行,首先将式(3-3)化成直线型,即

$$\frac{\varepsilon_V}{p} = -\frac{1}{p_{50}}\varepsilon_V + \frac{\varepsilon_{max}}{p_{50}} \tag{3-5}$$

由式(3-5)进行线性拟合,计算出截距 ε_{max}/p_{50} 以及斜率 $1/p_{50}$。然后,解出 ε_{max} 和 p_{50},代入式(3-3),即可得到朗格缪尔型吸附膨胀方程。

通过实验,测得煤在有效应力和温度不变的情况下,流体压力(p)与体积形变(ε_V)的对应关系,实验结果见表3-2。

表 3-2　不同流体压力下气水饱和煤样吸附 CO_2 时的体积形变

采样位置	层位	煤层	$R_{o,max}/\%$	实　验　结　果						
高平望云矿	P_{1s}	3	2.17	p	0.56	0.97	1.89	2.95	3.91	4.42
				ε_V	18.3	19.01	19.29	19.93	20.56	22.65
				ε_V/p	32.67	19.59	10.21	6.76	5.26	5.12
潞安常村矿	P_{1s}	3	2.10	p	1.17	1.98	2.89	3.81	4.32	
				ε_V	7.66	10.38	14.21	16.71	32.06	
				ε_V/p	6.55	5.24	4.91	4.39	7.42	
潞安五阳矿	P_{1s}	3	1.89	p	0.86	1.00	2.00	2.95	3.91	4.47
				ε_V	8.42	9.71	14.73	20.62	28.44	59.13
				ε_V/p	9.77	9.71	7.37	6.98	7.27	13.22
寿阳百僧庄矿	P_{1s}	3	2.70	p	0.35	0.93	1.94	2.94	4.99	
				ε_V	34.43	65.6	81.61	99.494	114.84	
				ε_V/p	98.38	70.54	41.835	33.84	23.01	
阳泉一矿	P_{1s}	3	2.24	p	0.717	1.00	3.08	4.017		
				ε_V	12.5	16.4	21.2	32.6		
				ε_V/p	17.43	16.4	6.88	8.116		
左权石港矿	C_{2t}	15	2.30	p	0.65	1.14	1.93	2.94	3.87	
				ε_V	5.3	16.2	20.4	25	27.63	
				ε_V/p	8.15	14.21	10.57	8.5	7.14	

注:p—流体压力(MPa);ε_V—体积形变($\times 10^{-4}$);$\sigma_e = 3$ MPa;$T = 25$ ℃。

进一步分析表明,ε_V/p 与 ε_V 具有良好的线性负相关关系,煤体积变形 ε_V 与流体压力 p 之间的关系具有朗格缪尔方程的形式(见图3-8、图3-9)。对应的曲线关系较为直观

地说明,在较低流体压力下,煤体积变形增加很快,随着流体压力的增大,煤体积变形增加变缓;在单位压力变化的条件下,煤样的吸附变形率呈直线形式减小,直至达到最大值并稳定。反之,随着流体压力的减小,单位压力变化条件下,煤基质的收缩率呈直线形式增大。也就是说,这种煤基质吸附膨胀、解吸收缩与流体压力的对应关系预示着在煤层气的实际开发过程中,随着煤层气的逐渐排出和储层压力的下降,煤基质收缩会逐渐增大,这对于储层渗透率的改善具有十分重要的现实意义。

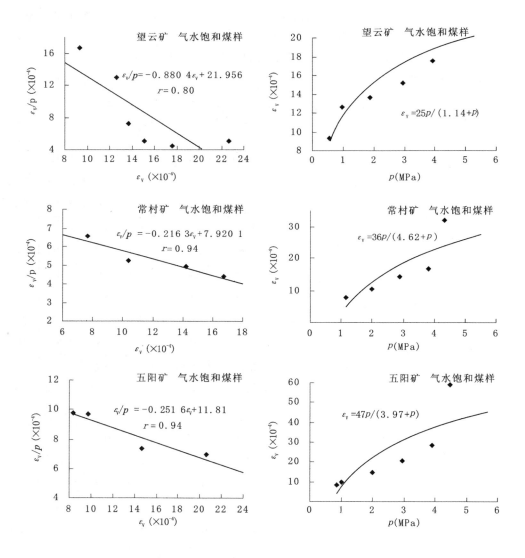

图 3-8　煤样体积形变与流体压力关系曲线(一)

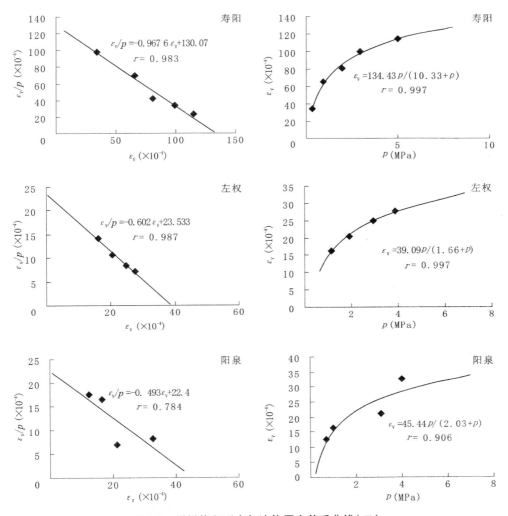

图 3-9　煤样体积形变与流体压力关系曲线(二)

3.3.2　高煤级煤最大吸附膨胀量变化规律

模拟实验显示,各煤样最大吸附膨胀量递减顺序依次为寿阳百僧庄矿、潞安五阳矿、阳泉一矿、左权石港矿、潞安常村矿、高平望云矿(见表 3-3,图 3-10)。对实验结果分析发现,在高煤级煤阶段,除成庄样品外,随煤级的增加,最大吸附膨胀量 ε_{max} 呈现出降低的总体趋势(见表 3-3、图 3-11),但它更显著地受构造环境的制约。

表 3-3　不同构造环境下各煤样最大吸附膨胀量对比

煤　　样	成庄	望云	常村	左权	寿阳	五阳	阳泉
镜质组最大反射率 $R_{o,max}$(%)	2.87	2.17	2.10	2.30	2.70	1.89	2.24
最大吸附膨胀量 ε_{max}($\times 10^{-4}$)	13.0	25.0	36.62	39.09	134.43	46.94	45.44

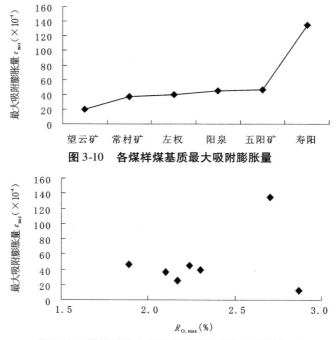

图 3-10　各煤样煤基质最大吸附膨胀量

图 3-11　煤基质最大吸附膨胀量与煤级之间的关系

气水饱和煤样最大吸附膨胀量与其力学性质(弹性模量、抗压强度)具有良好的负相关关系。如图 3-12 所示,气水饱和煤样的抗压强度、弹性模量越大,其吸附膨胀量越小,充分说明煤的吸附膨胀变形量的内在控制因素是煤体本身所固有的力学性质。也就是说,强度较大的煤体在煤层气开发过程中,其基质收缩变形量较小,煤储层渗透性较难得到改善。

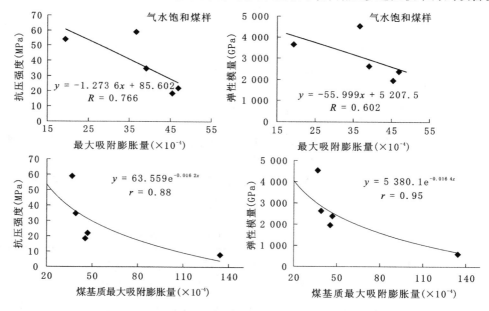

图 3-12　煤基质最大吸附膨胀量与力学性质之间的关系

三轴压缩实验结果讨论中已指出,不同构造环境对煤基质吸附膨胀量起着重要控制作用。位于正断层带的寿阳百僧庄矿煤层裂隙发育,质地松软,较易破碎,抗压强度小,力学实验样品极难制备,煤样在三轴压缩较低应力条件下就发生破裂,具有显著的吸附膨胀变形量。处于构造反接部位的阳泉一矿样品,煤储层经过两期褶皱的复合叠加,使得煤体结构相对均一,各向同性较强,抗压强度较小,吸附膨胀量大。而具有典型原生结构的望云、常村矿煤样,抗压强度较大,吸附膨胀量小。不同构造环境通过对煤体结构的控制,导致煤体力学性质出现显著差异,是控制煤储层吸附膨胀变形的最根本的内在因素。换言之,煤样吸附膨胀能力实质上受控于不同的构造环境。

3.3.3　煤基质吸附膨胀及解吸收缩机理分析

气体对煤体力学性质的影响,是游离气的力学效应与吸附流体的附加效应共同作用的结果。煤基质吸附气体分子后,首先充满裂隙空间,附着于煤基质表面。随着气体压力的逐渐增加,煤储层中的气体恰似一个气垫,抑制了煤体内裂隙的收缩。这样,显著削弱了裂隙面间的摩擦系数,在裂隙内产生膨胀应力,在裂隙的尖端产生附加的拉应力,逐渐促进其膨胀。煤吸附瓦斯导致煤体发生变形的主要原因,在于压力驱使气体分子进入煤中裂隙或孔隙空间乃至煤体胶粒结构内部,使更多的吸着层楔开了与气体分子直径大小相近的微孔隙和微裂隙,降低了煤颗粒之间的黏结力(周世宁,林柏泉,1999),宏观上表现为煤体抵抗变形的能力降低。

煤样岩石力学性质差异是导致变形行为差异的内在原因。由岩石力学理论可知,岩石的抗拉强度远远小于其抗压强度。对于煤体来说,这种情形表现得更加显著。由于原有裂隙的延伸发展和新裂纹的生成,使煤体骨架发生相对膨胀,煤体强度随着孔隙流体压力的增加而逐渐降低。因此,随着流体压力的增加,煤体的变形量逐渐增加(见表3-2、图3-8、图3-9)。在一定的气体压力范围内,煤体变形量随着气体压力的增大而增大,当气体压力达到一定值后,煤样的变形值将趋于稳定。

由于煤样对甲烷的吸附与解吸是一个完全可逆的过程,在保持有效应力不变的条件下,骨架所受到的应力值保持不变,形变量也可以认为极其微小,忽略不计,煤体的形变量主要由煤基质的形变量来体现。因此,可以认为煤体吸附膨胀过程也就是煤基质解吸收缩的逆过程。

这样,随着气体压力的下降,气体分子开始从煤基质表面解吸,煤体产生收缩变形。其原因在于,当煤体中气体发生解吸时,吸附气分子将从煤中裂隙或孔隙空间乃至煤体胶粒结构内部释放出来,引起煤体裂隙、微裂隙以及孔隙闭合,导致煤基质收缩变形。随孔隙流体压力的降低,煤颗粒之间黏结力增强,煤体强度逐渐增加,表现为煤样抵抗变形的能力增强。因此,随着气体分子的解吸,煤样变形量逐渐减小(见表3-2、图3-8、图3-9)。

第4章　高煤级煤储层渗透率的采动影响

　　煤储层的渗透性是指在一定压差下,允许流体通过其连通孔隙和裂隙的性质,或指煤储层传导流体的能力,其优劣用渗透率表示,主要取决于煤储层中发育的裂隙。当单相流体充满孔隙和裂隙、流体不与煤发生任何物理反应时,测出的渗透率称为绝对渗透率;当煤储层中多相流体共存时,煤对其中某相流体的渗透率称为有效渗透率,而某相流体的有效渗透率与其绝对渗透率的比值则被称为相对渗透率。

　　煤储层渗透率和气、水相对渗透率是影响煤层气井产能的关键地质因素之一。我国沁水盆地高煤级煤储层试井渗透率较高,煤层气井获得高产工业性气流,显示出了良好的开发前景。流体在高煤级煤储层中的渗流不同于中煤级煤储层,尤其是采动过程中渗透率的动态变化规律,是煤层气开采中首先要解决的问题。本章拟通过煤样单相、两相渗透率的研究,认识构造——采动过程对高煤级煤储层渗透率的动态控制规律,为煤层气资源合理高效开发提供理论依据。

4.1　采动过程中煤储层渗透率变化的影响因素

　　尽管常规油气开采过程中其储层渗透率也会发生变化,但与煤储层相比要小得多,因为煤储层对应力的响应比常规油气储层更为敏感。煤储层渗透率除受自身裂隙发育这一内部因素控制外,煤层气开采过程中外界条件的改变也可对其产生强烈影响,渗透率变化幅度可达两个数量级(苏现波等,2001)。外部条件,特别是应力条件对渗透率的影响通过煤储层自身形变而实现,这与煤软而脆、低弹性模量的力学性质有关。

　　煤储层渗透率的外部影响因素主要有以下三种。

4.1.1　有效应力

　　有效应力为总应力减去储层流体压力。垂直于裂隙方向的总应力减去裂隙内流体压力,所得的有效应力称为有效正应力,它是裂隙宽度变化的主控因素。有效应力增加,导致裂隙宽度减小,甚至闭合,使渗透率急剧下降。Somerton(1993)实验研究发现渗透率(K)与有效应力(α)的变化呈指数形式减小。

4.1.2　克林肯伯格(Klinkenberg)效应

　　当气体在多孔介质中流动时,由于流体的黏滞性,造成接近固体表面的层流速度近于0。但对有些气体不存在这种现象,而是存在分子滑移现象。在多孔介质中,由于气体分子平均自由程与流体通道在一个数量级上,气体分子就与通道壁相互作用(碰撞),从而造成气体分子沿孔隙表面滑移,增加了分子流速,这一现象称为分子滑移现象。这种由气体分子和固体间的相互作用产生的效应称Klinkenberg效应,是克林肯伯格于1941年发现并提出的。

　　Klinkenberg(1941)发现,用空气作为流体测定的渗透率与用液体作为流体测定的渗透率结果不同,用空气测得的渗透率总是大于用液体测得的渗透率。在试验的基础上,克林肯伯格提出液体在沙粒表面的速度为 0,而气体在沙粒表面具有一定的速度。也就是说,气体在沙粒表面具有滑脱,由于滑脱作用导致在给定的压降下,气体具有较大的速度。克林肯伯格还发现,对于给定的多孔介质,计算渗透率随流体平均压力的增加而减小。

4.1.3　煤基质收缩效应

　　实验表明,煤体在吸附时可引起自身的膨胀,在解吸气体时则导致自身收缩。煤层气开发过程中,储层压力降至临界压力以下时,煤层气便开始解吸。随甲烷的解吸,煤基质发生收缩。由于煤体在侧向上是受围限的,因此煤基质的收缩不可能引起煤层整体的水平应变,只能沿裂隙发生局部侧向调整和应变。基质沿裂隙的收缩造成裂隙宽度增加,渗透率增高。

　　由于煤体自身的性质不同,其收缩率也不尽相同,有些几乎没有收缩,而有的收缩率却相当高。关于煤体因解吸或吸附引起应变的实验数据极少,是实验的难度和涉足的研究较少所致。煤基质收缩的测试是通过不同气体压力下煤基质的线性或体积应变来实现的。Yee 等(1993)曾用类似于朗格缪尔方程的形式来描述煤基质的吸附应变。

　　以上三种因素对煤储层渗透率的影响程度,因煤自身的性质不同而不同。对低收缩率或不收缩的煤层,主要受有效应力影响,随有效应力增加渗透率下降;而高收缩率煤储层,基质收缩占主导地位,随解吸收缩加强,渗透率增量大。

4.2　采动影响的物理模拟实验

4.2.1　模拟实验装置与样品制备

　　气、水相对渗透率实验在石油勘探开发研究院廊坊分院开发研究所进行,设备为美国 Terra Tek 公司制造的全直径岩心流动仪(Whole Core Flow System)。该实验系统主要用于模拟地应力和油藏压力条件下岩石的渗透性,由压力系统、恒温系统、控制系统和岩心夹持器、分离器等部分组成(见图 4-1)。其中,Quiziz 泵是该系统的核心,主要功能是控制流体的排量,并为系统提供恒定压力和恒定流量,其操作由 Runpump 软件控制。该系统附有一套完整的煤样制备和常规岩心分析设备,系统中所有的测量系统每年由国家标准计量局进行标定校核。系统可模拟的范围为:围限压力 0～70 MPa,流体压力 0～65 MPa。

　　模拟实验所用煤样与第 3 章力学实验相同。由于煤储层中裂隙发育的方向性,使得煤储层渗透率各向异性比较显著,平行裂隙优势方向的渗透率往往最大,是煤储层渗透率的主要贡献者。因此,为了更接近煤储层的真实渗透率,煤样制备时全部平行层理面顺优势裂隙方向钻取圆柱形试件。试件直径为 50 mm,高为 100 mm,每件大样制备 2 个圆柱样,其中一个备用。

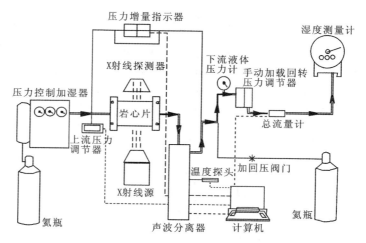

图 4-1　非稳态法气、水相渗透率测定示意图
（据钱凯等，1996）

4.2.2　模拟实验方案与步骤

4.2.2.1　气单相渗透率实验

（1）定有效应力渗透率实验。因氦气（He）基本上不与煤岩体发生任何物理或化学反应，故氦气的单相渗透率又称为绝对渗透率。He 和 CH_4 的单相渗透率是在有效应力（2 MPa）不变的条件下，分别测定流体压力 0.5、1.0、1.5、2.0 MPa 下的气体流量。对于氦气，每个压力点上稳定 2 h；考虑到煤对 CH_4 和 H_2O 的吸附性，CH_4 测试时每个压力点的稳定时间为 12 h。然后，计算出每个压力点下的气相渗透率。

（2）定流体压力渗透率实验。保持流体压力（2 MPa）不变，实验气体为 CH_4，改变围压（分别为 2.5、3.0、3.5、4.0、4.5、5.0、5.5 MPa）测量，然后计算出渗透率值。

4.2.2.2　水单相渗透率实验

将测定过气相渗透率的煤样置于模拟地层水中（5% KCl 溶液），抽真空，排气，水饱和在 48 h 以上。测试前，先在围压 3.5 MPa、水压 1.0 MPa 条件下稳定 24～48 h，然后测量水的稳定流量，求得水的单相渗透率。测定水相渗透率时，首先驱替 5 倍以上孔隙体积的水，对于渗透率小于 1×10^{-3} μm^2 的煤样，驱替 2 倍以上孔隙体积的水，同时保持压差和出口流量稳定后进行测定。

4.2.2.3　气、水相对渗透率实验

相对渗透率测定有两种标准方法，即非稳定状态法和稳定状态法。非稳定状态法是先用盐水饱和煤芯，然后注入气体将盐水排出，水的饱和度持续变化，并可通过物质平衡计算出来。稳定状态法是将气体和盐水以恒定的测试速度同时注入煤芯，直到建立平衡为止，然后测定煤芯中流体的饱和度。本次实验采用非稳定状态法。

煤样完全被水饱和后，根据气相渗透率选择初始压差，并保持 2.5 MPa 的有效应力。用加湿的 CH_4 气驱水，记录各个时刻的驱替时间、驱替压差、累计水流量、累计气流量和初始见气点。一般 2 h 以后，水流十分缓慢或几乎不流动。再在有效应力不变的情况下，

缓慢增加气体压力,继续测量和记录,直至水不流动和气流量稳定,测量束缚水状态下的气相渗透率。

实验步骤为:①将饱和模拟地层水后的煤样装入岩心夹持器,利用围压泵给岩心夹持器加围压;②打开调压阀,根据要求的驱替压力选择低压和高压压力表,给岩心夹持器提供上游压力,并在给定的上游压力下进行气驱水,初始压差的选择要保证既能克服末端效应又不产生紊流;③记录各个时刻的驱替时间、驱替压差、累积流体产量和初始见气点;④气驱水达到残余水状态并进行气测渗透率后结束试验。

4.2.3 模拟实验数据处理

4.2.3.1 气单相渗透率

根据达西定律,不同流体压力下的气相渗透率为

$$K_g = \frac{2p_0 q_g \mu_g L}{A(p_1^2 - p_0^2)} \times 10^2 \tag{4-1}$$

式中:K_g 为气测渗透率,$10^{-3} \mu m^2$;p_0 为大气压,MPa;q_g 为大气压下气流量,cm^3/s;μ_g 为在测定温度下 CH_4 的黏度,$mPa \cdot s$;L 为煤样长度,cm;A 为煤样横断面面积,cm^3;p_1 为进口压力,MPa。

再由克林肯伯格公式,推算出克氏渗透率,即

$$K_g = K_0 \left(1 + \frac{b}{p_m} \right) \tag{4-2}$$

式中:K_0 为克氏渗透率;p_m 为平均压力;K_g 为每个测点的气测渗透率;b 为克林肯伯格系数。

对于气体在毛管内的流动来说,b 可由下式得出:

$$b = \frac{4c\lambda p}{r} \tag{4-3}$$

$$\lambda = \frac{1}{\sqrt{2} \pi d^2 \rho_m} \tag{4-4}$$

式中:λ 为对应于平均压力 p_m 时的气体分子平均自由程;r 为毛管半径(相当于煤孔隙半径);c 为近似于 1 的比例常数;d 为分子直径;ρ_m 为分子密度。

4.2.3.2 水单相渗透率

水单相渗透率的计算公式为

$$K_w = \frac{q_w \mu_w L}{A(p_1 - p_0)} \times 10^{-1} \tag{4-5}$$

式中:K_w 为水渗透率,μm^2;q_w 为水流量,mL/s;μ_w 为在测定温度下水的黏度,$mPa \cdot s$;L 为煤样长度,cm;A 为煤样截面积,cm^2;p_1 为煤样进口压力(表压),MPa;p_2 为煤样出口压力(表压),MPa。

4.2.3.3 气、水相对渗透率

相对渗透率是单相有效渗透率同气相克氏渗透率的比值,由实验测得单相有效渗透率,即可得到气、水相对渗透率

$$K_{rw} = \frac{K_{we}}{K_0} \tag{4-6}$$

$$K_{rg} = \frac{K_{ge}}{K_0} \tag{4-7}$$

式中：K_{rw}、K_{rg}分别为水、气相对渗透率；K_{we}、K_{ge}分别为水、气有效渗透率；K_0为气相克氏渗透率。

数据处理的步骤为：

第一步，按式（4-7）将出口大气压下测量的累积流体产量值修正到煤样平均压力下的值

$$V_i = \Delta V_{wi} + V_{i-1} + \frac{2p_0 \times \Delta V_{gi}}{\Delta p + 2p_0} \tag{4-8}$$

式中：V_i为累积流体产量，mL；V_{i-1}为上一点的累积流体产量，mL；ΔV_{wi}为某一时间间隔的水增量，mL；ΔV_{gi}为出口大气压力下测得的某一时间间隔的气增量，mL；Δp为驱替压差，MPa；p_0为测定时的大气压力，MPa。

第二步，绘制累积气流量、累积水流量和累积注入时间的关系曲线。

第三步，在曲线上均匀取点，得到在一定时间间隔Δt内对应的气增量ΔV_{gi}和水增量ΔV_{wi}，按下列式子进行计算

$$S_{g,av} = \frac{V_w}{V_p} \tag{4-9}$$

$$K_{rg} = \frac{q_{gi}}{q_g} \tag{4-10}$$

$$\frac{K_{rg}}{K_{rw}} = \frac{f_g}{f_w} \cdot \frac{\mu_g}{\mu_w} \tag{4-11}$$

$$C_{vp} = \frac{p_1}{p_0 + \Delta p} \tag{4-12}$$

$$q_{gi} = \frac{\Delta V_{gi}}{\Delta t} \tag{4-13}$$

$$q_g = \frac{KA}{\mu_g L} \cdot \Delta p \tag{4-14}$$

$$f_g = \frac{\Delta V_{gi}}{\Delta V_i} \tag{4-15}$$

$$f_w = \frac{\Delta V_{wi}}{\Delta V_i} \tag{4-16}$$

式中：$S_{g,av}$为平均含气饱和度，%；V_w为累积出口水量，mL；q_{gi}为两相流动时的气体流量，mL/s；q_g为单相流动时的气体流量，mL/s；f_g为含气率（小数）；f_w为含水率（小数）；μ_g为注入气体黏度，mPa·s；μ_w为饱和煤样的模拟地层水的黏度，mPa·s；C_{vp}为降压体积因子（小数）；P_1为煤样进口压力（绝对），MPa；p_0为煤样出口压力（绝对），MPa。

第四步，绘制气、水相对渗透率和含水饱和度的关系曲线。

第五步，在气、水相对渗透曲线上，从束缚水饱和度到最大含水饱和度，按一定饱和度

间隔度查取对应的气、水相对渗透率值。

4.2.3.4 有效孔隙体积和孔隙度

将煤样抽真空并饱和模拟地层水,称重,然后按下列方程组求得有效孔隙体积和孔隙度

$$V_p = \frac{m_1 - m_0}{\rho_w} \tag{4-17}$$

$$\phi = \frac{V_p}{V_t} \times 100 \tag{4-18}$$

$$S_w = \frac{m_i - m_0}{V_p \rho_w} \tag{4-19}$$

$$S_g = 1 - S_w \tag{4-20}$$

式中:V_p 为煤样的有效孔隙体积,cm^3;m_1 为煤样饱和模拟地层水后的质量,g;m_0 为干燥条件下煤样的质量,g;ρ_w 为在测定温度下煤样饱和模拟地层水后的密度,g/cm^3;ϕ 为煤样孔隙度,%;V_t 为煤样总体积,cm^3;S_w 为煤样含水饱和度,%;m_i 为任一时刻的含水煤样质量,g;S_g 为煤样含气饱和度,% 。

4.3　物理模拟实验结果及影响因素分析

4.3.1　单相渗透率及其影响因素

4.3.1.1　流体介质及流体压力与单相渗透率关系

通过定有效应力渗透率测试,可模拟流体介质及流体压力与渗透率之间的关系,模拟结果见表4-1、表4-2 和图4-2。在表中,晋城凤凰山矿、阳泉一矿、左权石港矿、阳城卧庄矿、寿阳百僧庄矿煤样是本次实测成果,高平望云矿、潞安常村矿、潞安五阳矿、沁源沁新矿、霍州李家村矿的实验数据引自本课题组前期成果(傅雪海,2001)。

表 4-1　煤样单相渗透率测试成果

采样位置	视裂隙孔隙度（%）	CH_4 克氏渗透率（$\times 10^{-3} \mu m^2$）	He 绝对渗透率（$\times 10^{-3} \mu m^2$）	水单相渗透率（$\times 10^{-3} \mu m^2$）	镜质组反射率 $R_{0,max}$（%）
高平望云矿	2.1	0.348	0.441	0.079	2.17
潞安常村矿	1.2	0.029	0.029	0.007	2.10
潞安五阳矿	1.9	0.034	0.037	0.015	1.89
沁源沁新矿	0.8	0.213	0.248	0.082	1.65
霍州李家村矿	0.5	0.125	0.131	0.011	0.89
晋城凤凰山矿	5.3	0.107	0.114	0.022	3.83
阳泉一矿	1.3	0.034 0	0.034 6	0.021 0	2.24
左权石港矿	3.6	0.039 1	0.046 7	0.014 5	2.30
阳城卧庄矿	2.3	0.012 6	0.014 8	0.005 15	4.29
寿阳百僧庄矿	5.3	3.20	7.69	1.07	2.70

表 4-2 不同压力条件下气相渗透率测试成果

p	K	望云	常村	五阳	沁新	李家	凤凰山	阳泉一矿	石港矿	卧庄矿	百僧庄
$p=0.5$	$K_{H,g}$						0.253	0.082	0.12	0.033	13.15
	$K_{C,g}$						0.157	0.048	0.056	0.018	9.34
$p=1$	$K_{H,g}$	0.569	0.076	0.052	0.394	0.190	0.208	0.064	0.088	0.026	11.39
	$K_{C,g}$	0.493	0.039	0.037	0.267	0.143	0.145	0.043	0.048	0.015	6.98
$p=1.5$	$K_{H,g}$						0.17	0.052	0.081	0.023	10.3
	$K_{C,g}$						0.129	0.04	0.043	0.016	5.84
$p=2$	$K_{H,g}$	0.501	0.054	0.044	0.326	0.146	0.155	0.048	0.066	0.021	8.9
	$K_{C,g}$	0.420	0.039	0.036	0.244	0.134	0.12	0.038	0.035	0.014	4.92
$p=3$	$K_{H,g}$	0.493	0.046	0.042	0.307	0.138					
	$K_{C,g}$	0.356	0.033	0.036	0.211	0.129					
$p=4$	$K_{H,g}$	0.481	0.042	0.041	0.293	0.132					
	$K_{C,g}$	0.354	0.032	0.035	0.210	0.128					

分析模拟实验结果,得出如下结论:

(1)水单相渗透率远小于气相克氏渗透率,水对煤的力学性质产生了重要的影响。由于水分子沿着煤样结构面侵入煤体,润湿了煤中矿物颗粒,削弱了结构面间介质的结合能力,造成煤内摩擦强度和黏聚力降低,使得含饱和水的煤比自然状态煤的强度大大降低(见图3-4)。同时,水渗入煤中矿物晶格或水分子附着在可溶性离子上,并与煤岩发生物理作用和化学作用,改变了煤的物理状态,削弱了粒间的联系,导致塑性变形加大,强度降低,煤体结构发生改变。由此,裂隙在较小围限应力下就会闭合,引起有效过水断面流量减少,导致渗透率大大降低。

(2)He克氏渗透率大于CH_4克氏渗透率,不同流体介质渗透性与煤的化学结构有关(见图4-3)。煤由复杂有机大分子组成,对不同流体的吸附作用存在差异。根据吸附机理分析,煤分子中极性基团与极性介质分子之间产生的作用力较强,因而煤对流体介质吸附力的顺序为水>甲烷>氦气。一方面,煤在围压作用下吸附气体时,煤体向外部的变形受到限制,膨胀变形必然向内部扩展,导致裂缝闭合,渗透容积减少,渗透性降低。另一方面,煤对介质的吸附在内表面形成吸附层,浓度小时先形成单分子层,随后逐渐形成多分子层,吸附性越大,吸附层就愈厚,占据通道的面积也越大,有效渗透面积减小,渗透性降低。因而,煤对介质的渗透性能为氦气>甲烷>水。

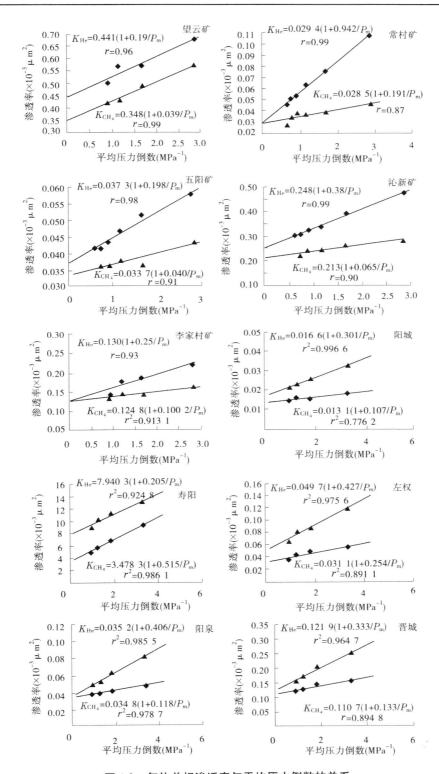

图 4-2　气体单相渗透率与平均压力倒数的关系

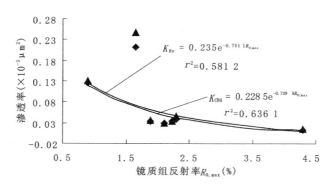

图4-3　气体单相渗透率与煤级的关系

（3）定有效应力条件下,煤样渗透率与平均压力的倒数呈线性负相关关系,渗透率随流体平均压力的增大而减小。一方面,有效应力不变时,流体平均压力增大,围压也同时增大,导致煤体骨架所受的应力增大,煤体孔隙结构变得更加致密,渗透率变小。另一方面,流体平均压力是介质分子能量大小的量度,压力增大,介质分子的动量增大,同时密度也增大,这样平均自由程减小,介质分子的流动性能降低,滑脱效应减弱,渗透率减小。

（4）不同构造环境对煤的渗透率起着重要的控制作用。寿阳百僧庄矿位于两条正断层的交会地带,煤储层由于正断层交会改造作用而裂隙极为发育,孔隙度最高达5.3%,煤样渗透率远大于其他样品。高平望云矿位于庄头正断层的下盘控制之下,煤储层渗透率也较高。晋城凤凰山矿虽受到逆断层的挤压,煤层裂隙也较为发育,煤样渗透率也较高。阳城南部的复向斜仰起端,断裂作用相对较弱,煤储层结构完好,裂隙极不发育,渗透率最低。单斜带的左权石港矿,煤层为原生结构,煤体结构完整、致密,裂隙不发育,渗透率较低。

（5）除构造的控制因素外,在相似构造环境下,煤级对煤储层的渗透性起着重要的控制作用。如图4-3所示,单相渗透率随煤级的增大而减小。这一现象,与不同煤级煤的孔裂隙结构有一定关系。由第2章宏观裂隙统计结果及压汞法测试结果可知,五阳矿、沁新矿、李家村矿中煤级煤样宏观裂隙比较发育,且中孔以上的孔隙占较大比例,而常村矿、卧庄矿、石港矿、高煤级煤宏观裂隙不很发育,且中孔以上孔隙所占比例较小。由于裂隙以及中孔以上的孔隙是流体渗流的空间,所以中煤级煤样的渗透率较高,而高煤级煤样的渗透率较低。

4.3.1.2　有效应力对单相渗透率的影响

当流体压力（2 MPa）不变时,气单相渗透率随有效应力变化的测试结果见表4-3和图4-4。由于煤样在实验过程中极易发生破坏,在三轴压缩力学实验完成后,其他样品已经用完,无法完成有效应力渗透率的对比分析。

表4-3　晋城凤凰山矿煤样甲烷渗透率测试结果

围压（MPa）	2.5	3.0	3.5	4.0	4.5	5.0	5.5
甲烷渗透率（×10^{-3} μm²）	1.20	0.81	0.57	0.43	0.32	0.24	0.18

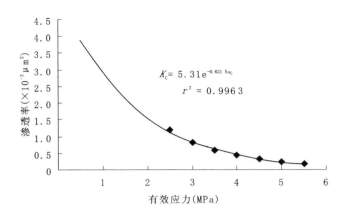

$$K_C = 5.31e^{-0.6215\sigma_C}$$
$$r^2 = 0.9963$$

图 4-4　单相渗透率与有效应力关系

拟合表 4-3 数据可知,当流体压力(2 MPa)不变时,单相渗透率与有效应力(σ_C)之间呈负指数相关关系

$$K_C = 5.31e^{-0.6215\sigma_C}, r = 0.998 \tag{4-21}$$

式中:K_C 为甲烷渗透率;σ_C 为有效应力。

有效应力为煤样围限压力与内部流体压力的差值,它是煤岩裂隙宽度变化的主要控制因素,而煤岩的渗透性又主要由裂隙系统来提供,因而有效应力也是煤岩渗透性大小的主要控制因素。有效应力逐渐增加,导致裂隙的宽度逐渐减小,甚至闭合,使渗透率急剧下降。

4.3.1.3　滑脱效应、基质收缩效应对单相渗透率的影响

与常规天然气储层不同,煤储层气相渗透率在煤层气开采过程中不仅受应力和气体滑脱效应的影响,而且还受到由于气体解吸而引起的煤基质收缩的影响。煤中微孔直径小于气体分子平均自由程,气体在微孔中以扩散方式渗流,符合费克定律。气体通过裂隙系统流向井底,一般认为是层流过程,遵守达西定律。

多孔介质的绝对渗透率与所通过的气体无关,只与介质的孔隙结构有关。然而,视渗透率既与介质的结构有关,又与所通过的气体有关,而且还受到某些其他因素的影响:第一,有效应力增加使裂隙闭合,使煤的绝对渗透率呈指数形式下降,渗透率越低,相对变化越大,有的减少两到三个数量级;第二,气体滑脱效应是气体分子与流动路径上的壁面相互作用,引起克林肯伯格效应,使煤的渗透率增大(钱凯等,1996);第三,煤基质收缩效应起因于气体吸附或解吸导致煤基质膨胀或收缩,使裂隙张开,煤的渗透率增大(Levine,1996)。

但是,在地层条件下,气体压力的变化会导致有效应力增加,裂隙被压缩,渗透率降低。换言之,有效应力、气体滑脱、煤基质收缩这三种效应是同时发生的。有效应力对裂隙压缩的影响,可通过在实验中保持有效应力不变来消除。当气体压力增大时,随时调整增大围压使有效应力保持恒定。为了定量地计算出煤基质收缩效应,需要消除另外两种

因素的影响或是估算出其影响程度。

1. 气体滑脱效应校正

气体滑脱效应的影响,可通过克林肯伯格系数来修正。克林肯伯格系数可由氦气渗透率实验求出,气体克氏渗透率为

$$K_g = K_0 \left(1 + \frac{b}{P_m} \right) \tag{4-22}$$

式中:K_0 为绝对渗透率,因氦气与煤之间几乎不发生物理化学作用,氦气的克氏渗透率即为绝对渗透率;b 为克林肯伯格系数。

流体平均压力定义为上游压力与下游压力之和的平均值

$$P_m = \frac{P_1 + P_2}{2} \tag{4-23}$$

式中:P_m 为流体平均压力;P_1 为上游压力;P_2 为下游压力。

克林肯伯格系数与气体性质、孔隙结构有关,由下式得出

$$b = \frac{16c\mu}{W} \sqrt{\frac{2RT}{\pi M}} \tag{4-24}$$

式中:c 为常数;μ 为气体黏度,mPa·s;W 为缝宽,μm;M 为气体分子量;R 为通用气体常数;T 为绝对温度,K。

因此,b 是由气体特性(μ,M)和样品特性(W)确定的。氦气是非吸附物质,可以在实验中得到 b 值,设为 b_H(下标 H 代表 He,下同)。

任何实验中测量的煤岩体甲烷渗透率变化,都是滑脱效应和收缩效应的综合反映。由于煤对甲烷具有较强的吸附性,b 不再是常数,也不能直接测量,甲烷的滑脱系数 b_C(下标 C 代表 CH₄,下同)可通过氦气的滑脱系数 b_H 来估算。在相同的有效应力下,由式(4-24)可推导出甲烷的滑脱系数 b_C,即

$$b_C = \frac{\mu_C}{\mu_H} \frac{M_H}{M_C} b_H \tag{4-25}$$

因此,甲烷吸附过程中,气体渗透率与 $1/P_m$ 呈线性正比例关系,由滑脱效应引起的渗透率变化(ΔK_{SL})可表示如下

$$\Delta K_{SL} = K_{H0} \frac{b_C}{p_m} \tag{4-26}$$

式中:ΔK_{SL} 为滑脱效应造成渗透率的增量;K_0 为绝对渗透率;b 为克林肯伯格系数。

2. 煤基质收缩效应对渗透率的影响

不同气体压力下滑脱、收缩效应引起的渗透率增量模拟结果见表 4-4、表 4-5 和图 4-5。其中,煤基质收缩效应引起的渗透率变化(ΔK_{SH})根据下式计算

$$\Delta K_{SH} = K_{Cg} - K_{H0} - \Delta K_{SL} = K_{Cg} - K_{H0} - K_{H0} \frac{b_C}{p_m} \tag{4-27}$$

表 4-4　不同气体压力下滑脱、收缩效应引起的渗透率增量

压力 (MPa)	ΔK	望云矿	常村矿	五阳矿	沁新矿	李家村	凤凰山	阳泉一矿	石港矿	卧庄矿	百僧庄
0.5	ΔK_{SL}	0.235	0.013	0.02	0.04	0.102	0.024	0.010	0.010	0.002	1.102
	ΔK_{SH}	0.082	0.01	0.001	0.03	0.011	0.19	0.003	0.001	0.001	0.548
1	ΔK_{SL}	0.154	0.01	0.014	0.029	0.06	0.011	0.005	0.007	0.001	0.574
	ΔK_{SH}	0.02	0.001	0.001	0.02	0.005	0.02	0.004	-0.01	-0.01	-1.28
1.5	ΔK_{SL}	0.102	0.007	0.016	0.022	0.035	0.001	0.004	0.005	0.001	0.374
	ΔK_{SH}	0.016	0.006	0.001	0.014	0.002	0.005	0.001	-0.01	-0.01	-2.22
2	ΔK_{SL}	0.067	0.005	0.007	0.016	0.021	0.008	0.002	0.004	0.001	0.240
	ΔK_{SH}	0.042	0.001	0.002	0.001	0.030	0.002	0.001	0.016	0.002	-3.01
3	ΔK_{SL}	0.03	0.003	0.004	0.009	0.007	0.002	0.007	0.001	0.001	0.093
	ΔK_{SH}	0.078	0.001	0.002	0.036	0.004	0.008	0.002	0.016	0.003	4.238
4	ΔK_{SL}	0.013	0.002	0.002	0.005	0.002	0.001	0.001	0.001	0.001	0.032
	ΔK_{SH}	0.104	0.001	0.003	0.041	0.006	0.014	0.011	0.004	0.001	4.041

表 4-5　滑脱、收缩效应引起的渗透率增量幅度对比

类型		望云矿	常村矿	五阳矿	沁新矿	李家村
滑脱效应	a_1	0.350 5	0.018 1	0.026 3	0.052 5	0.174 3
	b_1	0.824 4	0.589 7	0.654 5	0.589 7	1.068 8
收缩效应	a_2	0.089 5	0.001 4	0.001 5	0.015	0.008 4
	b_2	0.02	0.000 7	-0.000 7	-0.019 9	0.005 4
克林肯伯格系数	b_H	0.19	0.942	0.188	0.38	0.25
	b_C	0.039	0.191	0.04	0.065	0.051
类型		凤凰山矿	阳泉一矿	石港矿	卧庄矿	百僧庄矿
滑脱效应	a_1	0.028	0.015	0.012 5	0.003	1.706
	b_1	0.685	0.944	0.587	0.648	1.001
收缩效应	a_2	0.015	0.001 6	0.01	0.002	2.548
	b_2	0.012	0.002 4	-0.006 5	-0.000 3	-1.234
克林肯伯格系数	b_H	0.333	0.406	0.427	0.301	0.205
	b_C	0.057	0.069	0.073	0.057	0.035

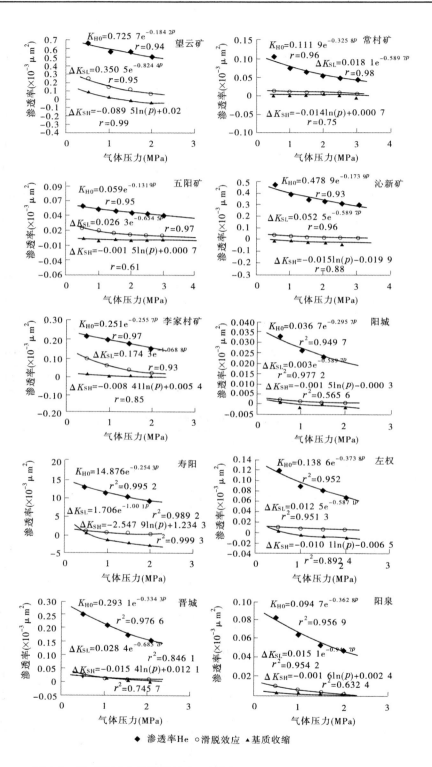

◆ 渗透率He　○滑脱效应　▲基质收缩

图 4-5　绝对渗透率与滑脱效应、煤基质收缩效应渗透率增量之间关系

分析模拟实验成果,得出如下结论:

第一,随流体压力的降低,不同构造环境煤样的滑脱效应、煤基质收缩效应所引起的渗透率增量具有相似的规律性。

滑脱效应引起的渗透率增量,随流体压力的降低呈指数形式增大

$$\Delta K_{SL} = a_1 e^{-b_1 p} \tag{4-28}$$

煤基质收缩效应引起的渗透率增量,随流体压力的降低则呈对数形式增大

$$\Delta K_{SH} = -a_2 \ln(p) + b_2 \tag{4-29}$$

当流体压力及围压降低时,滑脱效应和煤基质收缩效应都较明显,曲线的形态较陡。当流体压力大于 1.5 MPa 后,两种效应的曲线的形态变得比较平缓。这一规律表明,滑脱效应和煤基质收缩效应在低压下均较明显,高压下受到限制,对渗透率变化的影响较弱。

第二,不同构造环境和不同煤级煤样的滑脱效应、煤基质收缩效应引起的渗透率增量存在较大的差异(见表 4-4、表 4-5、图 4-5):

(1)滑脱效应引起的渗透率增量。寿阳百僧庄矿初值 a_1 最大,为 1.706,增量幅度 b_1 也最大,为 1.001;其次是高平望云矿,初值 a_1 为 0.350 5,增量幅度 b_1 为 0.824 4;再次是晋城凤凰山矿,初值 a_1 为 0.028,增量幅度 b_1 为 0.685;最小的是卧庄矿,初值 a_1 为 0.003,增量幅度 b_1 为 0.648。

(2)在相似构造环境下,煤级对滑脱效应引起的渗透率增量起着显著控制作用。中煤级煤样的滑脱效应明显高于高煤级煤样:李家村初值 a_1 为 0.174 3,增量幅度 b_1 为 1.068 8;沁新矿初值 a_1 为 0.052 5,增量幅度 b_1 为 0.589 7;五阳矿初值 a_1 为 0.026 3,增量幅度 b_1 为 0.654 5;常村矿初值 a_1 为 0.018 1,增量幅度 b_1 为 0.589 7。

(3)煤基质收缩效应引起的渗透率增量。寿阳百僧庄矿初值 b_2 最大,为 1.234,增量幅度 a_2 也最大,为 2.548;其次是高平望云矿,初值 b_2 为 0.02,增量幅度 a_2 为 0.089 5;再次是晋城凤凰山矿,初值 b_2 为 0.012,增量幅度 a_2 为 0.015;最小的是卧庄矿,初值 b_2 为 0.000 3,增量幅度 a_2 为 0.002。

(4)在相似构造环境下,煤级对收缩效应引起的渗透率增量同样起着重要的控制作用。中煤级煤样收缩效应明显高于高煤级煤样:李家村初值 b_2 为 0.005 4,增量幅度 a_2 为 0.008 4;沁新矿初值 b_2 为 0.019 9,增量幅度 a_2 为 0.015;五阳矿初值 b_2 为 0.000 7,增量幅度 a_2 为 0.001 5;常村矿初值 b_2 为 0.000 7,增量幅度 a_2 为 0.001 4。

第三,绝对渗透率越大,滑脱效应以及煤基质收缩效应引起的渗透率增量也越大(见图 4-5)。由此说明,原始渗透率越大的煤储层,在煤层气开采过程中其渗透率的可改善性越强。

4.3.2　气、水相对渗透率及其影响因素

煤储层具有特殊的双重孔隙结构,导致气、水相互驱替时存在着毛细滞后现象。气驱水时存在残余水,水驱气时存在残余气。残余水饱和度(S_{wo})是指气驱水时,随着水相饱和度的减小直到不流动时,煤孔隙中仍保留着的水的饱和度。残余气饱和度(S_{go})是指水驱气时,随着气相饱和度的减小直到不流动时,煤孔隙中仍保留着的气的饱和度。非稳态 CH_4 气体驱水相对渗透率实验,是在上述煤样单相渗透率测试完成后进行的,模拟结果见

表 4-6 和图 4-6、图 4-7。

表 4-6 非稳态气驱水气、水相对渗透率测试成果

采样位置	镜质组最大反射率 $R_{0,\max}$（%）	S_{wo}（%）	S_{go}（%）	气、水相渗透率曲线交点			$K_{wo,g}$（$\times 10^{-3}$ μm^2）	$K_{wo,g}/K_o$（%）
				$K_{rg}=K_{rw}$（%）	K_{ge}（$\times 10^{-3}$ μm^2）	S_g（%）		
高平望云矿	2.17	74.10	4.0	7.2	0.025	10.0	0.077	22.1
潞安常村矿	2.10	70.50	2.0	6.0	0.002	11.1	0.002 3	7.9
沁源沁新矿	1.65	47.60	35.6	6.0	0.013	26.9	0.079	37.1
霍州李家村矿	0.89	68.60	4.7	5.0	0.007	12.4	0.034	27.1
晋城凤凰山矿	3.83	84.82	4.95	3.4	0.364	10.6	0.016 8	15.7
阳泉一矿	2.24	62.92	3.03	10.4	0.354	21.3	0.011 5	33.8
左权石港矿	2.30	78.13	0.56	15.3	0.597	14.2	0.011 8	30.3
阳城卧庄矿	4.29	68.60	1.83	10.5	0.137	16.7	0.005 31	40.8
寿阳百僧庄矿	2.70	72.52	0.73	9.7	31.03	9.4	2.40	75.0

注：$K_{wo,g}$——束缚水下 CH_4 渗透率；K_{ge}——CH_4 有效渗透率。

分析非稳态气驱水两相渗透率模拟实验结果，可得出如下规律：

第一，相渗曲线形态。不同煤样气水相对渗透率曲线形态基本一致，均呈现"X"型，即随着含气饱和度增加，相对渗透率曲线可分成 3 个区域：$S_g < S_{go}$，单向水流，水相渗透率较大，气相几乎不流动；$S_{wo} < S_w < 1 - S_{go}$，气、水两相共渗阶段，存在着气、水相渗相等的平衡点，过此点后气相渗透率增长较快；$S_w < S_{wo}$，单向气流，气相渗透率相对较大。

第二，气水共产期区域。中煤级煤样气水两相共渗区域较宽。相比之下，高煤级煤样气水两相共渗区域较窄。由于煤层气开采是通过排水降压来实现的，排水量过大，容易引起井筒附近煤层发生变形，阻碍流体的流动；排水量过小，难以实现排水降压。高煤级煤样气水两相共产区域较短，不利于甲烷最终采收率的提高。

第三，束缚水下气相渗透率。随着气体饱和度的逐渐增加，过平衡点后，气相渗透率增加相对较快，气相渗透率最后达到最大值（束缚水下气相渗透率）。但是，束缚水下气相渗透率明显受控于构造环境，最大值与最小值相差 2～3 个数量级。位于两条正断层交会地带的寿阳百僧庄矿，煤样束缚水下气相渗透率最大达 2.4×10^{-3} μm^2，显著高于其他样品。正断层带的高平望云矿，束缚水下气相渗透率为 0.077×10^{-3} μm^2，逆断层带凤凰山矿为 $0.016\ 8 \times 10^{-3}$ μm^2，阳泉一矿和单斜带的左权次之，受到强烈挤压及抬升的阳城卧庄矿最低，仅为 $0.005\ 31 \times 10^{-3}$ μm^2，沁源沁新矿达 0.077×10^{-3} μm^2，霍州李家村矿为 0.034×10^{-3} μm^2。

第四，束缚水下气相渗透率、束缚水饱和度与煤级之间关系。除受构造影响首要控制因素外，煤级对束缚水下气相渗透率、饱和度同样也起着控制作用：束缚水饱和度随煤级的增大而增大，束缚水下气相渗透率随煤级的增大而减小（见图 4-8），这与高煤级煤阶段孔隙结构逐渐致密密切相关。中煤级煤样束缚水饱和度较低，如潞安常村矿为 70.5%，沁源沁新矿为 47.6%，霍州李家村矿为 68.6%。而高煤级煤束缚水饱和度较高，如晋城

凤凰山矿为 84.82% , 寿阳百僧庄矿为 72.52% , 高平望云矿为 74.1% , 左权石港矿为 78.13% , 阳城卧庄矿为 68.60% 。束缚水饱和度大,煤中残余水较多,气水两相共渗过程中,

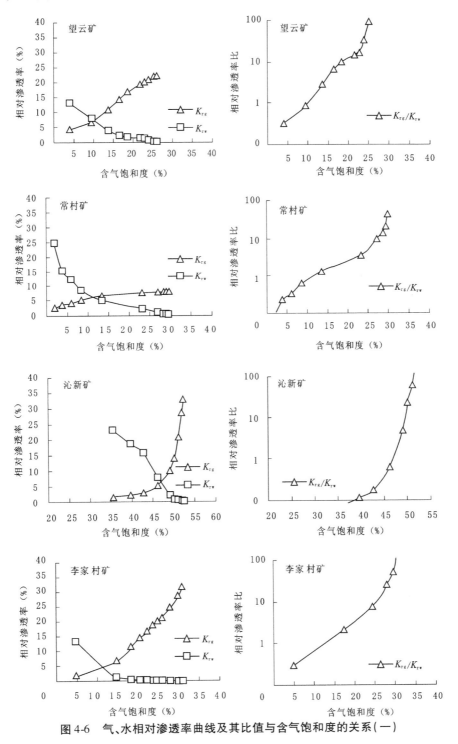

图 4-6　气、水相对渗透率曲线及其比值与含气饱和度的关系(一)

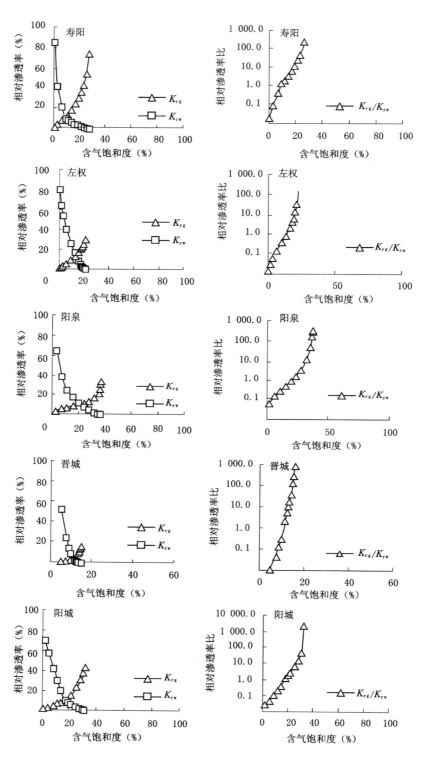

图4-7　气、水相对渗透率曲线及其比值与含气饱和度的关系(二)

气相介质流动性则会大大降低,大部分煤层气难于解吸,导致残余气多,对煤层气的商业性开发不利。

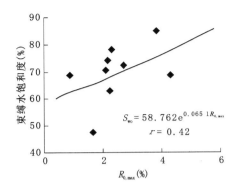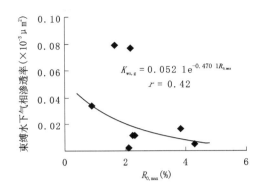

图 4-8　气水相对渗透率参数与煤级之间关系

4.3.3　单相渗透率与气水相对渗透率之间关系及影响因素

单相渗透率和气体相对渗透率实验结果的对比分析表明,各煤样单项渗透率和气水相对渗透率具有相同的规律,即氦气渗透率 > 甲烷渗透率 > > 水相渗透率和束缚水渗透率,而水相渗透率和束缚水渗透率相差较小,几乎相等。氦气渗透率大的煤样,其甲烷渗透率、水相渗透率、束缚水渗透率也大,氦气渗透率越大,各渗透率之间的差值也越大(见图 4-9)。不同流体介质渗透性与煤的化学结构有关,同时水对煤的渗透性能也产生了重要的影响,机理分析详见 4.3.1。

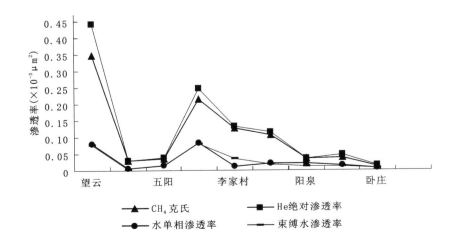

图 4-9　三种单相渗透率与气水相对渗透率对比

4.4　煤储层渗透率变化的煤基质自调节效应模式

在煤层气排采过程中,煤层气解吸使煤基质收缩而导致煤储层渗透率增高,流体压力的同时降低使有效应力增大则导致煤储层渗透率降低。煤储层渗透率的变化正是这两种效应综合作用的结果。本书将这种综合现象称为煤基质自调节效应,将煤基质收缩导致煤储层渗透率增高的现象称为煤基质自调节正效应,将有效应力增大致使煤储层渗透率降低的现象称为煤基质自调节负效应。进一步探讨煤基质自调节效应的变化规律,研究自调节效应与煤级、构造环境等因素之间的关系,进而建立煤基质自调节效应模式,是预测排采过程中煤储层渗透率变化的关键基础,也是正确预测煤层气井产能的重要基础工作。

4.4.1　煤基质正负自调节效应耦合关系及模式

设成庄矿煤储层埋深在 800 m 左右,此深度下的实验渗透率为初始渗透率,体积压缩系数根据第 3 章三轴压缩力学实验结果,利用拟合的公式来计算饱和水煤样的相应压力下的值,然后求其平均值(见表4-7),煤基质收缩参数为第 3 章中吸附膨胀参数,泊松比为表3-1 中对应煤样的泊松比值。设煤储层气、水饱和,流体压力从 5.9 MPa 开始逐渐降低 1 MPa 左右,有效应力会相应增大,渗透率降低;另一方面煤基质收缩,渗透率增大,二者综合作用效果见表4-8。

表 4-7　不同储层压力下体积压缩系数（埋深 800 m）

煤样	ε_{max}	p_{50} (MPa)	ν	体积压缩系数（$\times 10^{-4}$ MPa^{-1}）				
				5.9 ~ 4.7	4.7 ~ 3.7	3.7 ~ 2.7	2.7 ~ 1.7	1.7 ~ 0.7
成庄	0.001 3	6.64	0.26	1.542 3	1.352 3	1.172 1	0.883 6	0.770 2
望云	0.002 5	1.14	0.29	1.088 5	0.829 3	0.583 6	0.190 0	0.035 2
常村	0.003 6	4.62	0.28	1.438 4	1.297 8	1.164 5	0.951 0	0.967 1
五阳	0.004 7	3.97	0.43	0.540 0	0.252 7	0.252 7	0.252 7	0.252 7
左权	0.003 9	1.66	0.29	1.511 6	1.302 8	1.205 3	1.038	0.978 5
阳泉	0.004 5	2.03	0.12	0.532 5	0.318 6	0.247 6	0.238 5	0.230 7

表 4-8　煤基质正负自调节效应耦合作用结果（埋深 800 m）

煤样	渗透率变化量	5.9 ~ 4.7 MPa	4.7 ~ 3.7 MPa	3.7 ~ 2.7 MPa	2.7 ~ 1.7 MPa	1.7 ~ 0.7 MPa
成庄	ΔK_y (%)	-0.52	-0.38	-0.33	-0.25	-0.22
	ΔK_s (%)	0.07	0.07	0.09	0.11	0.11
望云	ΔK_y (%)	-0.36	-0.23	-0.16	-0.05	-0.01
	ΔK_s (%)	0.08	0.10	0.15	0.25	0.25

续表 4-8

煤样	渗透率变化量	5.9~4.7 MPa	4.7~3.7 MPa	3.7~2.7 MPa	2.7~1.7 MPa	1.7~0.7 MPa
常村	$\Delta K_y(\%)$	-0.48	-0.36	-0.33	-0.27	-0.27
	$\Delta K_s(\%)$	0.34	0.36	0.46	0.60	0.60
五阳	$\Delta K_y(\%)$	-0.18	-0.07	-0.07	-0.07	-0.07
	$\Delta K_s(\%)$	0.58	0.62	0.81	1.10	1.10
左权	$\Delta K_y(\%)$	-0.51	-0.36	-0.34	-0.29	-0.27
	$\Delta K_s(\%)$	0.21	0.25	0.36	0.58	0.58
阳泉	$\Delta K_y(\%)$	-0.18	-0.09	-0.07	-0.07	-0.06
	$\Delta K_s(\%)$	0.18	0.21	0.29	0.45	0.45

注:ΔK_s—煤基质收缩正效应引起的渗透率增加率;ΔK_y—有效应力负效应引起的渗透率降低率。

成庄无烟煤样有效应力的负效应大于煤基质收缩的正效应,望云、常村和左权煤样在储层压力降至 3 MPa 之前,有效应力的负效应大于煤基质收缩的正效应,当储层压力降至 3 MPa 之后,煤基质收缩的正效应大于有效应力的负效应,而五阳和阳泉煤样,煤基质收缩的正效应始终大于有效应力的负效应。

由表 4-8、图 4-10 可知,有效应力的负效应和煤基质收缩的正效应对煤岩体渗透率总体上影响不大,介于 0.06%~1.10% 之间。5.3 MPa 和 4.2 MPa 线之间出现颠倒,是因为左权煤样品在 4.7 MPa 时,有效应力负效应引起的渗透率应力降低率较大,出现反常的情况下造成的;1.2 MPa 线较为平缓,是由于在压力低于 1.7 MPa 后,煤基质收缩引起的渗透率增加率几乎非常小。但是,各煤样在 5.3、4.2、3.2、2.2、1.2 MPa 下,煤基质正负自调节效应耦合关系仍然都表现出相同的总体趋势或规律性。一方面,对应同一个压力下,煤基质正负自调节之间具有良好的耦合关系,煤基质收缩渗透率增加率随应力渗透率降低率的增加而增加,有效应力负效应引起的渗透率应力降低率与煤基质收缩引起的渗透率增加率之间呈现出指数模式;另一方面,随着流体压力的逐渐降低,单位应力渗透率降低率条件下,煤基质收缩渗透率增加率逐渐增加(见图 4-10)。

根据煤基质正负自调节效应之间的耦合关系以及不同流体压力下有效应力负效应引起的渗透率应力降低率和煤基质收缩引起的渗透率增加率的变化幅度或趋势,对上述规律性进行插值或缩小流体压力步长的计算分析,即可以得到煤基质正负自调节效应耦合关系的"指数量板"模式

$$\Delta K_s = a\mathrm{e}^{b\Delta K_y} \tag{4-30}$$

式中:ΔK_s 为煤基质收缩效应渗透率增加率,% ;ΔK_y 为有效应力负效应引起的渗透率应力降低率,% ;a、b 为拟合系数。

4.4.2　流体压力—综合调节效应耦合关系及模式

在以上工作的基础上,把煤基质正负效应进行叠加,即可得到煤基质正负自调节渗透率综合效应结果,如表 4-9 所示。煤基质自调节渗透率综合变化率介于 -0.45%~

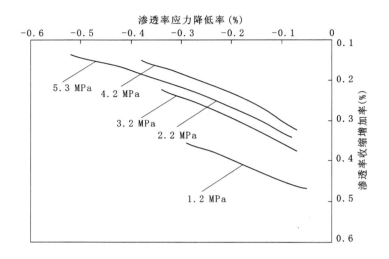

图 4-10 煤基质自调节正、负效应之间耦合关系及模式

1.03% 之间,不同煤级各个样品的煤基质自调节渗透率综合变化率与流体压力之间耦合关系呈现出相同的规律性。一方面,在流体压力不变的条件下,随煤级的逐渐增加,煤基质自调节渗透率综合变化率逐渐降低;另一方面,对于给定煤级的样品,随流体压力的逐渐降低,煤基质自调节渗透率综合变化率逐渐增大,也就是有效应力渗透率降低率逐渐小于煤基质收缩渗透率增加率,这意味着在煤层气开采过程中,随着储层压力的逐渐降低,煤储层渗透率有逐渐增加的趋势,低压下,煤储层的渗透率可能会得到改善。

表 4-9 煤基质自调节渗透率综合变化率结果

煤样	$R_{0,max}$(%)	5.9~4.7 MPa	4.7~3.7 MPa	3.7~2.7 MPa	2.7~1.7 MPa	1.7~0.7 MPa
成庄	2.87	−0.45	−0.31	−0.24	−0.14	−0.11
望云	2.17	−0.28	−0.31	−0.01	0.2	0.24
常村	2.1	−0.14	0	0.13	0.33	0.33
五阳	1.89	0.4	0.55	0.74	1.03	1.03
左权	2.3	−0.3	−0.11	0.02	0.29	0.31
阳泉	2.24	0	0.12	0.21	0.38	0.39

根据煤基质自调节渗透率综合变化率与流体压力之间的耦合规律,在不同煤级之间进行插值,即可以得到煤基质自调节渗透率综合变化率与流体压力之间的"负对数量板"模式(见图 4-11)

$$\Delta K_z = -a_1 \ln(p) + b_1 \qquad (4-31)$$

式中:ΔK_z 为煤基质自调节渗透率综合变化率,% ;p 为流体压力,MPa;a_1、b_1 为系数。

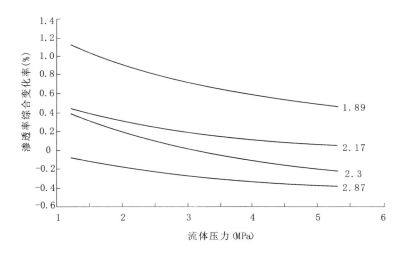

图 4-11　流体压力—综合效应耦合关系及模式

4.4.3　煤级—综合调节效应耦合关系及模式

图 4-12 和表 4-9 显示,在 $R_0 = 2.87\%$ 时,煤基质自调节渗透率综合变化率在模拟的各个压力下始终为负值,也就是应力渗透率降低率始终大于煤基质收缩渗透率增加率。而随着煤级的逐渐减小,在模拟的压力范围内,煤基质自调节渗透率综合变化率由负值逐渐转化为正值,在 $R_0 = 1.89\%$ 条件下,煤基质自调节渗透率综合变化率全部转化为正值。

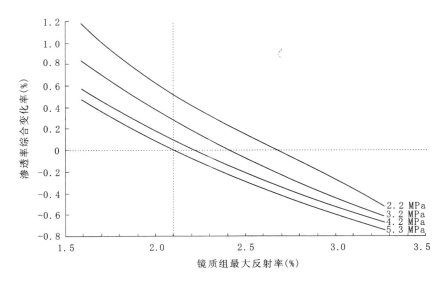

图 4-12　煤级—煤基质自调节效应模式

1.2 MPa 拟合线与 2.2 MPa 拟合线在 $R_0 = 1.90\%$ 处交会,是由于五阳矿煤样综合效应渗透率在压力低于 2.7 MPa 后煤基质收缩应力渗透率增加量较为显著而引起的。对于同一样品而言,随着流体压力的逐渐降低,煤基质自调节渗透率综合变化率逐渐增大;另一方面,随着煤级的逐渐增加,煤基质自调节渗透率综合变化率呈现出降低的规律性。也就是说,随煤级的增加,有效应力渗透率降低率有大于煤基质收缩渗透率增加率的趋势,这同时可能反映了低中煤级煤比高煤级煤具有较高的煤层气开发潜势。

根据煤基质自调节渗透率综合变化率与煤级之间的耦合规律,在不同煤级之间进行插值,即可以得到煤基质自调节渗透率综合变化率与煤级之间的"负对数量板"模式(见图 4-12)

$$\Delta K_z = -a_2 \ln(R_0) + b_2 \tag{4-32}$$

式中:ΔK_z 为煤基质自调节渗透率综合变化率,%;R_0 为镜质组反射率,%;a_2、b_2 为系数。

第 5 章　煤储层渗透率动态变化数值模拟

关于煤储层渗透率在煤层气井排采过程中的动态变化规律方面,目前多从实验室测试的角度进行研究,至于利用强有力的数学语言、数学模型对煤储层参数的动态变化情况进行的研究探索,国内外尚没有研究的先例。至于对不同构造样式下,煤储层渗透率在煤层气井排采过程中的动态变化规律存在着怎样的差异性方面的研究探索,国内外尚未见及报道。本书试图从储层数值模拟的角度对这一问题进行探索,以求能够有所新发现。

5.1　数值模拟方案

5.1.1　煤储层数值模拟基本原理

5.1.1.1　双重孔隙介质模型

煤储层是一种典型的双重孔隙介质。煤层内部有发育良好的裂隙系统,将煤层切割成许许多多的基质块。因此,煤储层被概念化为由基质块和裂隙孔隙构成的概念模型(通常称之为 Warren-Root 模型)。也就是说,煤储层具有基质孔隙和裂隙孔隙两种孔隙,相应地也具有基质渗透率和裂隙渗透率。据美国和澳大利亚有关专家的研究成果,通常条件下,基质渗透率极低,通常所说的渗透率是指裂隙的渗透率。

5.1.1.2　煤层气渗流机理

煤层甲烷在煤储层中以三种状态赋存,即游离状态、吸附状态和溶解状态。在一定温度和压力条件下,这三种状态的气处于统一的动态平衡之中。煤层甲烷在煤储集层中主要以吸附状态存在,是煤层甲烷赋存的主体。煤层甲烷由于分子力的作用而吸附于煤体的孔隙表面,煤具有强大的内表面积,同时具有较强的吸附能力,吸附状态的煤层甲烷要能流动,首先必须打破这一平衡状态,使煤层甲烷解吸出来。吸附状态的煤层甲烷从煤基质解吸到井底的流动必须经过以下三个过程:①从煤基质解吸;②通过基质和微孔隙扩散进入裂缝网络中;③再经裂缝网络流出。其中,从基质到解吸裂隙裂缝是在甲烷浓度差下完成的,符合扩散定律;而在裂隙裂缝中流动是在压力差下完成的,符合达西定律。

5.1.1.3　煤层甲烷产出过程

煤层气井中煤层甲烷的产出情况可分为三个阶段(秦勇等,1996)。随着井筒附近压力下降,首先只有水产出,因为这时压力下降不多,井筒附近只有单向流动。阶段一首先在井筒附近发生,当储层压力进一步下降,井筒附近开始进入第二阶段。这是有一定数量的甲烷从煤的表面解吸,开始形成气泡,阻碍水的流动,水相渗透率下降,但气不能流动,气泡都是孤立的,没有互相连接,无论在基质孔隙中还是在裂隙中。这一阶段叫做非饱和单相流阶段,虽然出现气、水两相,但只有水相是可流动的。阶段二在井筒附近发生,离井筒较远的地方出现阶段一。储层压力进一步下降,有更多的气体解吸出来,则井筒附近进入了第三阶段。水中含气已达到饱和,气泡互相连接形成连续的流线,气相渗透率大于0。随着压力下降和水饱和度降低,在水相渗透率不断下降的条件下,气相渗透率逐渐上升,气产量逐渐增加。

这三个阶段是连续的过程,随着时间的延长,由井孔沿径向逐渐向周围的煤层中推进。这是一个递进的过程。脱水降压时间越长,受影响的面积越大,甲烷解吸和排放的面积也越大。煤层甲烷产量常呈现负的下降曲线,通常 3 ~ 5 年达到最高产量,然后逐渐下降而持续很长的时间,开采期可达 10 多年至 20 年不等,甚至有开采 30 多年仍产气的井。这与常规天然气初始产量高而后逐渐下降的趋势明显不同。

5.1.1.4 数学模型及其求解

1. 解吸模型

煤层甲烷在煤层中的解吸和吸附为完全可逆的过程。当煤储层中压力降低时,被煤基质吸附的甲烷分子从煤的内表面解吸出来,从吸附态转变为游离态。目前,国内外学者一致认为煤对煤层气的吸附符合朗格缪尔方程

$$C_{(p)} = \frac{V_L p}{p + p_L} \tag{5-1}$$

式中:$C_{(p)}$ 为煤层气吸附含量;p_L 为朗格缪尔压力;V_L 为朗格缪尔体积;p 为储层压力。

2. 扩散模型

煤基质内甲烷气体的扩散是在浓度差的驱动下从高浓度区向低浓度区的运移过程,通过扩散,煤层甲烷由煤基质解吸进入到裂隙系统中,这一过程遵循费克定律

$$q_m = \frac{V_m}{t}(C_m - C_{(p)}) \tag{5-2}$$

$$t = \frac{S^2}{8\pi D} \tag{5-3}$$

式中:t 为解吸时间;V_m 为煤基质体积;C_m 为基质中甲烷的平均浓度;q_m 为由基质进入裂隙的甲烷扩散量;S 为裂隙间距;D 为扩散系数;$C_{(p)}$ 为裂隙内浓度。

3. 气水两相渗流方程(达西定律)

煤层裂隙中的气水两相介质均在压力差的作用下以渗流形式流动,符合达西定律

$$V_w = -\frac{KK_{rw}}{\mu_w}\nabla P_w \tag{5-4}$$

$$V_g = -\frac{KK_{rg}}{\mu_g}\nabla P_g \tag{5-5}$$

式中:P_g 为煤层气的渗透速率;P_w 为水的渗透速率;K_{rg} 为气的相对渗透率;K_{rw} 为水的相对渗透率;μ_g 为煤层气的黏度;μ_w 为水的黏度。

4. 状态方程

由于压力变化而引起的煤层、流体物性的变化用下列状态方程描述

孔隙度: $$\phi = \phi_0 e^{-c\phi\Delta p} \tag{5-6}$$

渗透率: $$K = K_0 e^{-CK\Delta p} \tag{5-7}$$

气体密度: $$\rho_g = PM/ZRT \tag{5-8}$$

式中：$\varnothing$ 为孔隙度；$\varnothing_0$ 为原始煤层孔隙度；K 为煤层渗透率；K_0 为煤层原始渗透率；C 为压缩系数；P 为储层压力；M 为介质分子量；T 为储层流体温度。

5. 连续性方程

气体从微观孔隙系统中有扩散流动向裂隙系统中的输运量考虑为内源项，由方程(5-2)描述。根据质量守恒原理可得连续性方程

$$D(\rho_g V_g) + q_m - q_g = -\partial(\varnothing S_g \rho_g)/\partial t \tag{5-9}$$

$$D(\rho_w V_w) + q_m - q_w = -\partial(\varnothing S_w \rho_w)/\partial t \tag{5-10}$$

$$S_w + S_g = 1 \tag{5-11}$$

其中：q_w、q_g 分别为气水产量；D 为扩散系数；S_w、S_g 分别为气水饱和度；ρ_g、ρ_w 分别为气水密度；V_g、V_w 分别为气水体积。

方程(5-1)~方程(5-11)构成煤层气开采过程中，气水两相流动的基本数学模型，是进行数值模拟的基础。

6. 数学模型求解

描述煤层甲烷运移的偏微分方程是一复杂、高阶非线性方程，无法用解析法求解，具体步骤为：首先由偏微分方程组离散化成非线性方程组，再把非线性方程组线性化成线性代数方程组，最后求解矩阵。

5.1.1.5　数值模拟基本参数及描述

数值模拟参数的准备是进行数值模拟工作的一个重要环节。数值模拟需要的参数较多，详细列于表 5-1。

表 5-1　数值模拟所需参数

参量及其他参数		含气性	流体参数	煤储层参数		
水产量数据	井筒半径	含气量	水黏度	临界解吸压力	煤层层数	绝对渗透率
气产量数据	裂缝半径	吸附时间	气体黏度	原始储层压力	地层倾角	基质收缩率
井底压力	储层温度	朗格缪尔体积	气体比重	气、水毛管压力	煤层埋深	吸附等温线
表皮系数	原始地层压力	朗格缪尔压力	气体组分	裂隙方向渗透率	煤层厚度	裂隙孔隙度
		孔隙体积压缩率	水密度	原始含水饱和度	吸附时间	煤的密度
			气、水地层体积参数	气、水相对渗透率	产层层数	裂隙间距
					扩散系数	灰分含量

虽然数值模拟需要的参数较多，但对储层模拟的敏感程度是不一样的，下面对数值模拟中较为重要参数描述如下。

1. 煤储层渗透率

渗透率是煤层气开发中一个最为关键的参数，也是最复杂且难以确定的参数。如何确定煤层渗透率，一直是研究中的重要课题。煤基质中的渗透率极低，一般不考虑，通常

所说的煤层渗透率是指煤层裂隙渗透率。面裂隙和端裂隙发育不同,沿面裂隙和端裂隙的渗透率也不同,延伸较长的面裂隙具有较高的渗透率,常比端裂隙的渗透率高几倍甚至一个数量级。影响渗透率的因素很多,如储层压力、自然裂隙的发育频率及其连通情况、裂隙开度、端裂隙和面裂隙方向、水饱和度、煤层埋深、基质收缩、应力状况等都会影响煤层的渗透率。数值模拟方法研究渗透率对气、水产量影响结果显示,渗透率的变化对气、水产量的影响较大,敏感性分析也可证明,渗透率对开采煤层气的影响与实际资料吻合。

煤层渗透率是决定流体在煤层中渗流难易程度的参数,其值越大,流体在煤层中的渗流越容易,水的初期产量越高,从而造成地层压力下降,并将促使这种压力向远离井筒的煤层中传播,造成大范围的压降漏斗。渗透率越大,压降漏斗形成越快,煤层气解吸的范围越大,产量也越大。

对三维模型来说,绝对渗透率应包括面裂隙方向的渗透率(K_x)、端裂隙方向的渗透率(K_y)和垂直层理面方向渗透率(K_z)三个方向的分量。由于煤储层的渗透率具明显的方向性,通过试井分析和实验室测试所得的渗透率多为水平方向上的平均渗透率,还要换算出 K_x 和 K_y 两个方向上的渗透率。它们的关系一般为: $K = \sqrt{K_x \times K_y}$,一般 $K_x \approx 2K_y$,垂向渗透率与水平渗透率的经验关系为 $K_z \approx 0.1K_x$。

了解每个生产阶段煤层气在煤层中的有效渗透率对精确评价煤层气井的生产能力有重要意义。在生产初始阶段,裂隙完全由水占据,为单相饱和,可用测试方法测定绝对渗透率。到生产后期,产水量很小,裂隙中接近于单向气流动,也可估算出有效气、水渗透率。但在气水两相流动期间,有效气相渗透率对裂隙中的水含量十分敏感。由于建立实验条件比较困难,煤岩芯的裂隙系统又不能代表实际储层的裂隙系统,因此在实验室内很难精确测定气水相对渗透率。为了精确测定气水相对渗透率,通常采用计算机模拟的历史拟合方法。

2. 煤储层孔隙度

煤层由双孔隙系统和裂隙系统组成。裂隙是流体的存储空间和流通通道。由于储层模拟中最敏感性参数是渗透率和孔隙度,这两者的微小变化就可能对生产造成较大的影响。

3. 含气量

含气量和吸附等温线可以通过实验室直接测定。如果实测含气量数据低于饱和吸附值,应该首先检查损失量计算是否偏低,然后再进行适当调整。同一口井中,含气量随煤层埋深变化很大时,则应根据吸附等温线和井的生产情况选择一个合适的平均值。如果没有含气量测试数据的话,可假定煤是饱和吸附,再根据原始地层压力和等温吸附曲线求取含气量。如果刚一开始排采就气、水同产,且假设裂隙中没有游离气,则也可认为煤层是饱和吸附的。

4. 煤储层压力

煤层气的吸附属于物理现象,是100%可逆过程。因此,在煤层气的开采过程中,当地层压力下降到临界解吸压力时,被解吸的气体分子与煤层微孔隙表面脱离,进入游离状态,地层压力对煤层气解吸过程有直接影响。压力对储层产能的影响涉及储层初始压力和解吸压力的差值。如果储层初始压力与解吸压力的比值趋于一致时最好,如果解吸压力比储层初始压力低的较多,则要经长期的排水降压才能产气。解吸压力越高,意味着煤层能解吸的甲烷气量越大。

即使已经确定了参数值,但是与历史数据拟合出现大的偏差,可以改变一些敏感参数,使模拟结果曲线接近拟合曲线,又照顾到实际情况。在实际工作中逐渐改变一些参数值达到要求后,所输入的参数就可作为比较准确的参数来做长期的预测,也就是已经当做确定性参数。另一些参数由于要求达到一个理想的预测结果,在还未达到目的时,也要不断改变参数,直至达到目的为止,最后参数就最终确定下来。

5.1.2 数值模拟技术路线与方法

5.1.2.1 煤储层数值模拟步骤

J11 井 3 号煤与 15 号煤是本次数值模拟的目的层,其间被 90.23 m 厚的地层分隔,垂直方向二煤层之间无水动力联系,分别将 3 号煤、15 号煤和 K2 灰岩作为独立的层位参与计算,共分 3 层。煤层中裂隙沿不同方向发育明显不同,为非均质各向异性,局部可视为均质各向异性。由于本次模拟为 J11 单井,计算范围较小,因此将其按均质各向异性处理。15 号煤顶部石炭系 K2 灰岩和该井直接相连通,其中的地下水直接流入该井,是该井的主要水源,将其按目的层直接参与计算,在 J11 井影响范围内将其按均质各向同性处理。

将整个计算域在平面上剖分成 19×19 的正方形网格。由于降压漏斗在井筒段较陡,离井筒远处较为平缓,网格密度的划分由井筒段中间向四周逐渐变疏,以使得模拟结果具有较高的精度。

本次储层模拟研究,充分借鉴前人的模拟结果或经验,略去了储层参数敏感性分析的环节,把渗透率、裂缝半长、裂缝宽度、孔隙度、地层压力、含气量等对气水产量较为敏感的参数直接作为重点修正对象,不断进行调整,求得煤储层渗透率的动态变化规律,具体步骤如下:

(1)首先,根据上述二口煤层气井(J11 井和 J32 井)的生产排采数据以及初始储层参数模拟煤储层初始渗透率值。

(2)然后,以煤层气井排采的合适的时间间隔为起点,模拟该井此后的排采气量及排水量,得出相应的煤储层渗透率值。随煤层气排采而易变的参数,根据实验室测试的曲线及相关方法得出,作为煤层气排采该时期的模拟渗透率参数值。

(3)依此类推,得出煤层气井不同时期的储层渗透率。

(4)利用不同时期的渗透率值,绘制渗透率动态变化曲线。

(5)最后,对以上得出的两个不同构造部位渗透率的动态变化规律进行对比分析,探索不同构造条件下,煤储层渗透率动态变化的差异性。

(6)分析煤储层渗透率动态变化规律对气、水产能的影响。

(7)煤储层渗透率动态变化的构造及相关因素分析。

5.1.2.2 煤储层数值模拟主要变化参数取值

充分借鉴前人参数灵敏度分析经验,利用煤层气井实际排采资料进行拟合,以进一步校正、识别模拟中的有关重要参数。将气、水产量和累积气、水产量作为历史拟合的对象，将井底流动压力作为已知值给出，在拟合过程中，对一些波动较大的异常数据作了平滑处理，以剔出随机因素的影响。

1. 储层渗透率数值输入的确定

最大渗透率方向和最小渗透率方向上的比值，根据 J11 井和 J32 井煤岩分析测试报告，按不同方向裂隙发育的密度和宽度给出初值。根据试井渗透率值和排采资料数据进行历史拟合，得到初始储层渗透率。在此基础上，由第 4 章渗透率实验结果得出的煤样渗透率自调节效应变化规律 $K = a(1 + b/p_m)$，推导出储层每个排采时间对应的压力下，储层的渗透率初值（模拟渗透率值 + 自调节效应值）。然后输入储层模拟器，进行排采数据的历史拟合，在输入渗透率值范围内不断调整，直到模拟日产水、日产气、累积水、累积气曲线与实际排采数据曲线拟合为止，再确定不同排采时间的渗透率及其他参数值。相对渗透率的初值取值，原计划采用本书第 4 章相对渗透率实验结果，但实验曲线气水共渗区域狭窄，较难取得满意的拟合效果，考虑到目前国内模拟经验以及西安分院储层工程研究室以往模拟计算的经验（骆祖江等，1998），采用表 5-2 的相对渗透率曲线。

表 5-2　相对渗透率

含水饱和度	0.45	0.50	0.55	0.60	0.65	0.70	0.75	0.80	0.85	0.90	0.95	1.0
水相对渗透率	0.00	0.02	0.04	0.06	0.10	0.15	0.20	0.29	0.45	0.64	0.80	1.0
气相对渗透率	0.95	0.88	0.80	0.68	0.56	0.46	0.35	0.24	0.16	0.08	0.04	0.00

2. 裂隙间距及煤基质收缩效应的取值

在实测原始条件下的裂隙间距及孔隙度的基础上，不同储层压力条件下煤基质收缩量按第 3 章的吸附膨胀试验结果来确定和进行取值，进而求得不同时刻的裂隙间距。

3. 含气量与储层压力取值方案

根据开采条件下，排水降压引起的储层压力降低与传播特征，当一口井以定产量单相流生产时，可用下述公式描述该井筒任一距离处任一时刻储层压力的传播与分布情况（王洪林等，2000）

$$P_{(r,t)} = P_i + \frac{0.92 \times 10^{-3} q \mu B}{kh} E_i \left(\frac{0.069\,5\, \phi \upsilon C_t r^2}{kt} \right) \tag{5-12}$$

其中：E_i 为幂积分函数；ϕ 为煤层孔隙度；r 为距井筒的任意距离，m；t 为生产时间，h；C_t 为流动系统总压缩系数，1/MPa；q 为产水量，m³/d；P_i 为原始储层压力，MPa；$P_{(r,t)}$ 为任意时刻任意处的压力，MPa；B 为流体体积系数；k 为储层渗透率，$10^{-3}\,\mu m^2$；h 为产层厚度，m；μ 为流体黏度，cPa·s；产水量 q 要以地层压力为 P_i 时的稳定产水量取值。

根据上述公式可以计算并绘制井的降压漏斗曲线，从降压漏斗曲线上可以直观地观察到井底压力降向井筒周围传播的速度快慢及压降幅度的变化和一定时间内单井控制的泄压面积。根据上述地层压力传播特征求出不同排采时间的泄压面积，由原始储层条件下测得的含气量值,可得到该泄压面积下原始煤层气储量,除去该排采时间内排出的煤层气量,再除以泄压面积,即可得到该排采时间内储层的平均含气量,由朗格缪尔平衡吸附方程式(4-1),可求出该排采时间的储层压力。

4.动液面高度等参数

动液面高度、井底压力、套压,根据不同排采时间的实际数值输入。

5.其他参数

有关煤储层的其他参数,如吸附时间、Langmuir 等温吸附常数、压缩系数、煤储层厚度、朗格缪尔体积、朗格缪尔压力、埋深、煤厚等数据均按有关测试、分析报告给出初值进行拟合修正。

5.1.3　模拟煤层气井描述

5.1.3.1　模拟煤层气井选择依据

为了探讨煤层气井在排采过程中以及不同构造形态煤层气井渗透率的动态变化规律,根据现有煤层气井的排采情况,在研究区中选取不同构造形态的单井进行模拟。J11 和 J32 两口井排采效果较好,数据相对完整,有利于对比分析构造—采动对煤储层渗透率的动态的异同,因此选取这两口井作为被模拟的煤层气井。

J11 井位于中联煤层气有限责任公司成庄区块上,J32 井位于 CNPC 樊庄区块上,两口井平面上相距 7.06 km,J32 井位于次级背斜的轴部,J11 井位于该背斜左翼斜坡上。J11 井埋深:3 号煤 430.90 m,15 号煤 523.13 m。J32 井埋深:3 号煤 524.5 m,15 号煤 608.1 m。该区块次级背向斜十分发育,并呈现出等间距相间排列的态势,背向斜沿 NS—NNE 向展布,以 NS 向最为发育(见图 5-1)。这两口井所处的构造位置如图 5-1、图 5-2 所示。

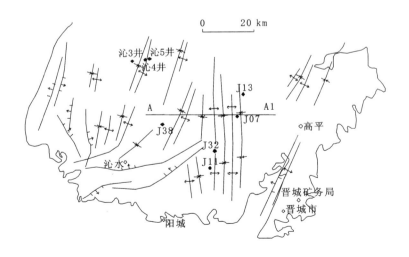

图 5-1　J11 井和 J32 井构造位置平面图

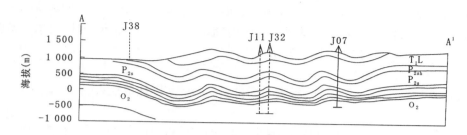

图 5-2　J11 井和 J32 井构造位置剖面图

5.1.3.2　J11 井描述

1. 基本情况

J11 井的资料来源于中联煤层气有限责任公司。J11 井是中联煤层气有限责任公司在沁水盆地屯留—安泽地区施工的一口参数 + 实验井,位于沁水盆地东南部寺头正断层东侧 3.5 km。该井排采的主要目标煤层为二叠系下统山西组 3 号煤与石炭系太原组 15 号煤。目的是通过了解该区储层特性及水动力学特征,尽快实现单井产气突破。该井从开始排采到关井结束,历时近 12 个月(301 天),累积产水 4 693.6 m³,累积产气 389 213.7 m³,其中最高产气量 1.6 万 m³/d,平均约 4 213.4 m³/d,取得了一套完整的排采数据。

2. 煤层气地质背景

该井钻遇地层由新到老依次为第四系(Q)、中生界三叠系(T)、古生界二叠系上石盒子组(P_{2s})、下石盒子组(P_{1s})和山西组(P_{1s})、石炭系太原组(C_{2t})、本溪组(C_{2b})、奥陶系峰峰组(O_{2f})。完钻层位奥陶系峰峰组,完钻井深 528.27 m。主要含煤系为山西组和太原组,其中山西组主煤层 3 号煤厚 5.30 m,太原组 15 号煤厚 4.54 m。3 号煤层和 15 号煤层为本井区的主要煤储层。

3. 煤储层特征

该井煤岩以半亮煤和半暗煤为主,煤的变质程度较高,镜质组最大反射率 $R_{0,max}$,3 号煤为 3.73%,15 号煤为 3.94%。该井含气量为 16.8 ~ 21.35 m³/t。等温吸附实验表明,煤层气最大吸附量(即朗格缪尔体积)为 48.927 m³/t,15 号煤吸附能力较 3 号煤略强,详细情况见表 5-3。

表 5-3　J11 井和 J32 井基础参数

序号	参数	J11 井		J32 井	数据来源
		3 号煤	15 号煤	3 号煤	
1	试井渗透率($\times 10^{-3} \mu m^2$)	2.0	1.45	0.514	试井
2	表皮系数	−1.0	0.38	− 0.531 8	试井
3	井底半径(mm)	75.2	78.3	62.1	测试
4	煤层厚度(m)	5.30	4.54	5.8	电测曲线 + 录井

续表 5-3

序号	参数	J11 井		J32 井	数据来源
		3 号煤	15 号煤	3 号煤	
5	煤层埋深(m)	430.9	523.13	521.6~527.3	电测曲线+录井
6	煤层温度(℃)	31	31	25	测试
7	煤层原始压力(MPa)	2.78	3.77	4.76	试井
8	临界解吸压力(MPa)	1.9	2.12	4.4	测试+计算
9	气体中 H_2S 浓度(%)	0	0	0	试验
10	气体中 CO_2 浓度(%)	1.203	1.203	1.203	试验
11	气体中 N_2 浓度(%)	4.7837	4.7837	4.7837	试验
12	灰分含量(%)	14.25	12.36	12.787	试验
13	地层水矿化度(mg/L)	1	1	1	试验
14	朗格缪尔压力(MPa)	3.17	2.62	3.304	试验
15	朗格缪尔体积(m^3/t)	44.27	48.92	39.91	试验
16	吸附时间(d)	2.95	1.48	1.775	试验
17	含气量(m^3/t)	20.66	18	24.81	试验
18	含气饱和度(%)	95.11	95.11	95.11	试验计算
19	煤层孔隙度(%)	2.0	2.0	2.36	试验+测井
20	孔隙体积压缩系数($\times 10^{-3}$/MPa)	2.9	2.9	2.53	试验
21	水黏度(p)	0.01	0.01	0.01	试验
22	煤的密度(g/cm^2)	1.45	1.45	1.46	试验
23	收缩系数($\times 10^{-7}$/MPa)	4.35	4.35	2.50	试验

4. 排采历史

该井开始排采时的静液面深度 111.94 m,井底压力(3 号煤顶部压力)为 3.2 MPa。排采过程中液面下降缓慢,不断调整工作制度,产水量由 6.8 m^3/d 增至 59.6 m^3/d,液面最深降至 210 m,3 号煤压力由 3.2 MPa 降至 2.7 MPa。由于地层出水量大,封掉 15 号煤、单采 3 号煤后,产水量为 10 m^3/d。当液面降至 243.41 m 时,开始产气,此时 3 号煤压力为 1.85 MPa。当液面降至 460 m 时,开始大量产气,最高产气量 16731.6 m^3/d。至排采结束,产水量维持在 10 m^3/d 左右,液面维持在 440 m 左右,产气量呈逐渐下降趋势。

5.1.3.3 J32 井描述

1. 基本情况

J32 井的资料来源于中国石油天然气总公司。J32 井是由中国石油天然气总公司部署施工的一口煤层气开发试验井,位于沁水盆地南部晋城斜坡带樊庄区块,于 1998 年上半年获工业气流。

2. 煤层气地质背景

该钻井地层自上而下依次为新生界第三系(N)、第四系(Q)、中生界三叠系(T)、古生界二叠系上石盒子组(P_{2s})、下石盒子组(P_{1s})、石千峰组(P_{2sh})和山西组(P_{1s})、石炭系太原组(C_{2t})、本溪组(C_{2b})、奥陶系峰峰组(Q_{2t})。完钻层位奥陶系峰峰组,完钻井深 705.00 m。主要含煤层系为山西组和太原组,在 521.6~609.6 m 井段共揭开煤层 6 层,累积厚度 12 m。其中山西组煤层累厚 5.48 m,主要为 3 号煤,厚 5.15 m;太原组累厚 3.69 m,主要为 15 号煤,厚 3.04 m。3 号煤层和 15 号煤层为主要煤层。

3. 煤储层特征

该井煤储层具有天然裂隙发育、储层物性好的特点。煤芯观察表明,煤岩以半亮煤和半暗煤为主,煤层裂隙较为发育,以一组高角度裂隙为主,频度为 4 条/cm,另一组次裂隙频度 1.1 条/cm,裂隙大多近垂直于煤层发育,呈不规则分布,裂隙未充填,疏通了煤层空隙,改善了煤储层性能。吸附测定孔隙结构结果表明,煤层以大孔为主,微孔很少。压汞毛管压力曲线特征为裂隙—孔隙型压汞曲线,以裂隙分布为主,大孔占 50% 以上。3 号煤层原始地层压力为 4.76 MPa,压力梯度 0.76 MPa/100 m;原始渗透率 0.5144×10^{-3} μm^2。

该井所在煤级较高,虽然没有实际资料,但根据 3 号煤镜质组最大反射率等值线图可以推断出镜质组最大反射率为 $R_{0,max}$ = 3.58%。该井具有煤层含气显示好的特点,煤层含气量大,含气饱和度高。含气量为 19.8~31.46 m^3/t,是目前我国发现煤层含气量最高的地区之一。朗格缪尔体积为 46.81 m^3/t,平均为 39.12 m^3/t,平均朗格缪尔压力为 3.249 MPa。15 号煤吸附能力较 3 号煤强。解吸气主要成分为甲烷,含量为 96.4%~99.2%,属优质煤层气。煤储层含气饱和度高,3 号煤为 95.11%,15 号煤为 96.26%,基本上处于饱和状态,详细情况见表 5-3。

4. 排采历史

该井开始排采后的第 6 天,液面降至 103 m,开始有气体产出,日产气 971 m^3,日产水 35.14 m^3。排采后的第 9 天,液面降至 180 m,套压上升至 0.35 MPa,日产气达 2 098 m^3,日产水 18.87 m^3。之后随着连续排采,气产量稳定上升。排采后的第 80 天,动液面降至 412 m 时,套压上升为 0.45 MPa,日产气达 4 050 m^3。关井时,日产气还有上升趋势。

5.2　数值模拟结果及动态变化规律

5.2.1　数值模拟结果

在借鉴前人储层数值模拟经验的基础上,根据储层渗透率数值模拟方案,经过一系列大量工作的投入,得出了煤层气井排采过程中渗透率变化、储层压力变化、含气量变化、裂隙间距变化、含水饱和度变化以及其他各参数的动态变化的模拟结果(见表 5-4、表 5-5)。日产气、产水量,累积产气、产水量模拟精度见图 5-3~图 5-8。

表 5-4 J11 井模拟后不同时期储层参数

序号	参数	3 号煤	15 号煤	3 号煤				
		初始		第 108 天	第 180 天	第 210 天	第 220 天	第 240 天
1	渗透率(×10^{-3}μm^2)	6.58	1.17	7.34	5.07	4.50	4.35	4.28
2	表皮系数	−5.03	−5.1	−5.03	−5.03	−5.03	−5.03	−5.03
3	煤层厚度(m)	5.30	4.54	5.30	5.30	5.30	5.30	5.30
4	煤层埋深(m)	430.9	523.13	430.9	430.9	430.9	430.9	430.9
5	煤层温度(℃)	31	31	31	31	31	31	31
6	煤储层压力(MPa)	2.78	3.77	1.117	1.106	1.01	1.008	0.997
7	临界解吸压力(MPa)	1.9	2.12	1.9	1.9	1.9	1.9	1.9
8	朗格缪尔压力(MPa)	3.17	2.62	3.17	3.17	3.17	3.17	3.17
9	朗格缪尔体积(m^3/t)	44.27	48.92	44.27	44.27	44.27	44.27	44.27
10	吸附时间(d)	2.95	1.48	2.95	2.95	2.95	2.95	2.95
11	含气量(m^3/t)	20.66	18	20.60	20.5	20.41	20.38	20.36
12	水饱和度(%)	100	100	95	90	85	83	81
13	孔隙度(%)	2.0	2.0	2.02	2.04	2.03	2.03	2.03
14	煤基质收缩率(×10^{-4})	19.93	19.93	19.35	19.10	19.08	19.06	19.03
15	裂隙间距(cm)	0.5	0.5	0.62	0.55	0.52	0.518	0.095

从图 5-3 ～图 5-8 可以看出,本次数值模拟效果较好,历史拟合精度较高,模拟值与实际值几乎相吻合。相比而言,累积气、水产量的拟合精度优于日产气、水量,可能是因为日产气、水量存在较大的随机成分的缘故,累积气、水产量在一定程度上削弱了随机成分的影响,因而拟合精度较高。

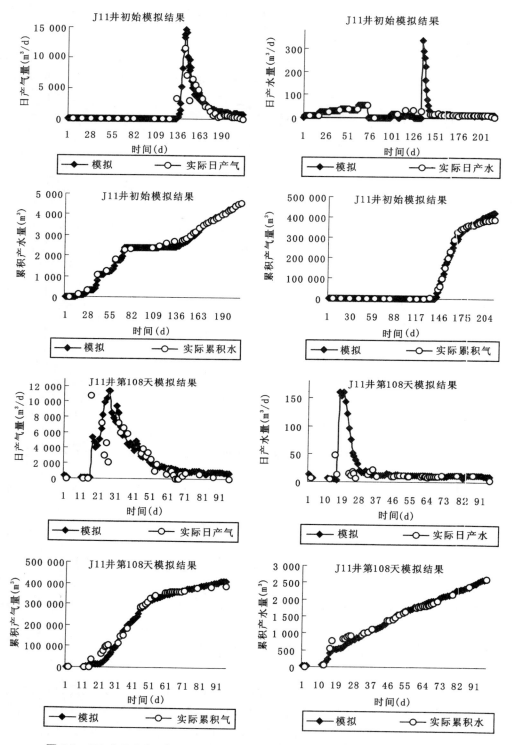

图 5-3 J11 井日产气、产水量,累积产气、产水量数值模拟结果(初始,第 108 天)

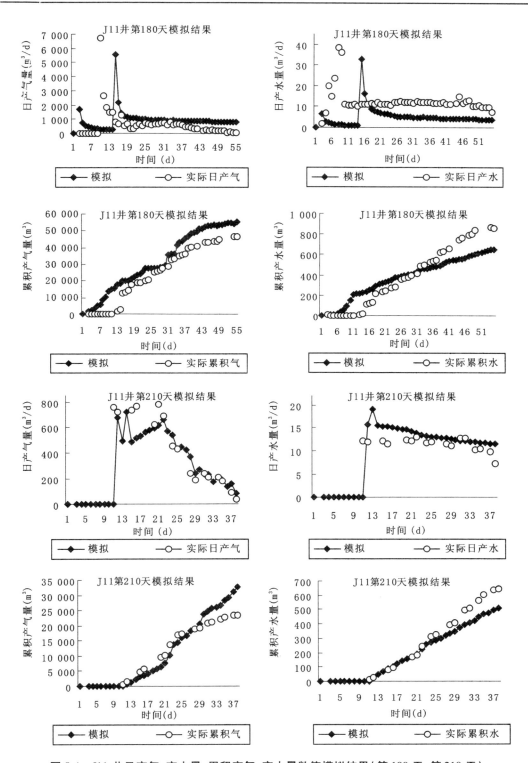

图5-4 J11井日产气、产水量,累积产气、产水量数值模拟结果(第180天,第210天)

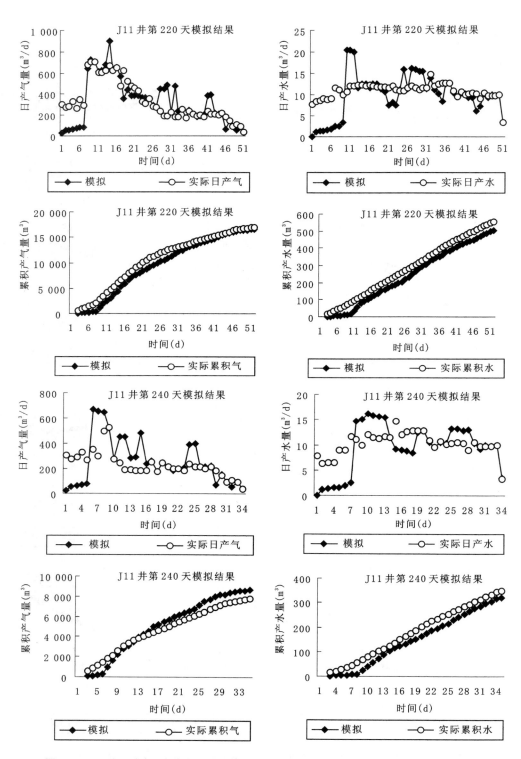

图 5-5　J11 井日产气、产水量, 累积产气、产水量数值模拟结果(第 220 天, 第 240 天)

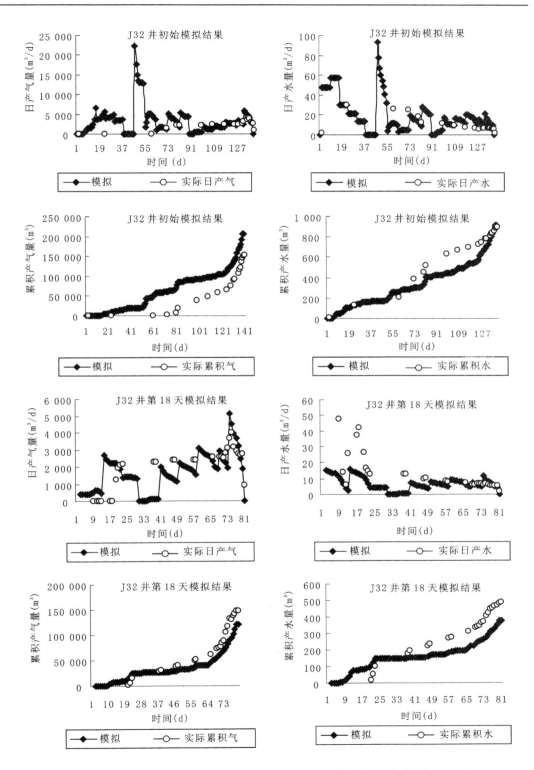

图 5-6　J32 井日产气、产水量,累积产气、产水量数值模拟结果(初始,第 18 天)

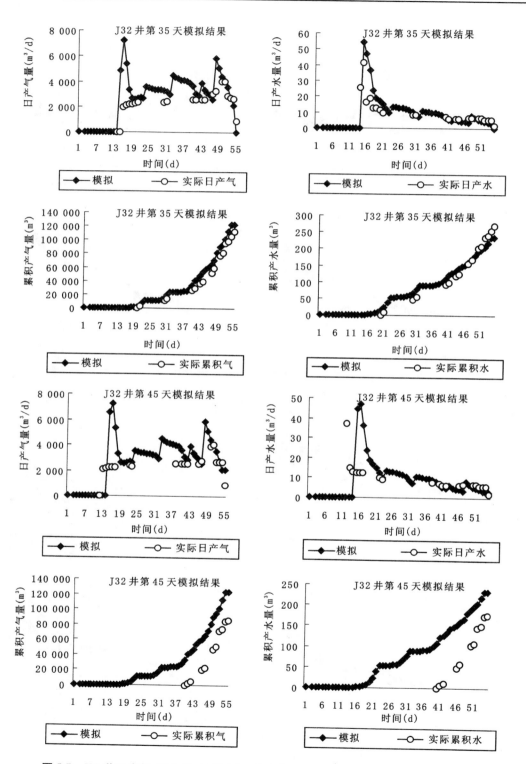

图 5-7　J32 井日产气、产水量,累积产气、产水量数值模拟结果(第 35 天,第 45 天)

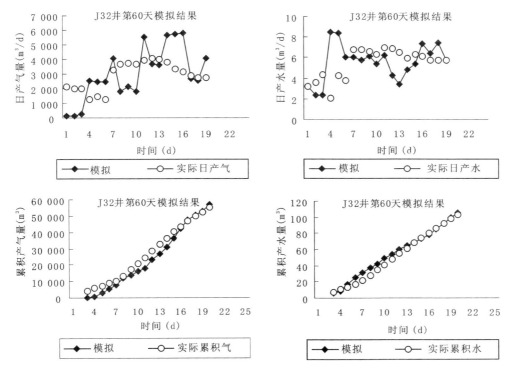

图 5-8　J32 井日产气、产水量，累积产气、产水量数值模拟结果（第 60 天）

表 5-5　J32 井模拟后不同时期储层参数

序号	3 号煤参数	初始	第 18 天	第 35 天	第 45 天	第 60 天
1	渗透率（ $\times 10^{-3} \mu m^2$ ）	6.05	5.04	4.25	3.39	3.08
2	表皮系数	−4.99	−4.99	−4.99	−4.99	−4.99
3	煤层厚度（m）	5.8	5.8	5.8	5.8	5.8
4	煤层埋深（m）	524.5	524.5	524.5	524.5	524.5
5	煤层温度（℃）	25	25	25	25	25
6	煤储层压力（MPa）	4.76	4.75	4.72	4.67	4.61
7	临界解吸压力（MPa）	4.4	4.4	4.4	4.4	4.4
8	朗格缪尔压力（MPa）	3.304	3.304	3.304	3.304	3.304
9	朗格缪尔体积（ m^3/t ）	39.91	39.91	39.91	39.91	39.91
10	吸附时间（d）	1.775	1.775	1.775	1.775	1.775
11	含气量（ m^3/t ）	24.81	24.79	24.73	24.65	24.62
12	水饱和度（%）	100	95	88	85	82
13	孔隙度（%）	2.36	2.44	2.42	2.38	2.38
14	煤基质收缩率（ $\times 10^{-4}$ ）	22.70	22.75	22.72	22.68	22.67
15	裂隙间距（cm）	0.5	0.6	0.58	0.55	0.53

5.2.2 渗透率动态变化规律

煤储层数值模拟渗透率动态变化模拟结果如表5-6所示。

表5-6　储层渗透率动态变化模拟结果

J11 井　　3 号煤				J32 井　　3 号煤			
模拟时间	模拟渗透率($10^{-3}\,\mu m^2$)			模拟时间	模拟渗透率($10^{-3}\,\mu m^2$)		
	K_x	K_y	K		K_x	K_y	K
初始	10.03	4.32	6.58	初始	7.01	5.23	6.05
第 108 天	10.98	4.91	7.34	第 18 天	6.5	3.91	5.04
第 180 天	7.38	3.51	5.09	第 35 天	5.5	3.28	4.25
第 210 天	6.83	2.96	4.50	第 45 天	4.5	2.56	3.39
第 220 天	6.57	2.88	4.35	第 60 天	3.86	2.46	3.08
第 240 天	6.31	2.97	4.28				

注:K_x—x 方向渗透率;K_y—y 方向渗透率;K—综合渗透率。

5.2.2.1 渗透率动态变化曲线分析

J11 井储层渗透率数值模拟曲线表明,J11 井储层渗透率在第 108 天时出现明显的增大现象,分析这一现象是受煤层气井采动状况影响的结果:J11 井 1998 年 9 月 20 日开始抽放,于 1998 年 12 月 26 日封掉 15 号煤,单采 3 号煤,期间历时 108 天,通过封 15 号煤,排采见到了良好效果。说明 15 号煤出水量大,3 号煤为主要产气层。封 15 煤前,压力的分布由 3 号煤和 15 号煤以及 15 号煤顶部的 K2 灰岩共同承担,由于 15 号煤和 K2 灰岩为主要产水层,储层压力的传播主要在这两层上体现,导致 3 号煤的压降传播进展缓慢,储层在顺层方向上压力梯度较小,地下流体的压差较小,单位时间内流体流量较小,即储层的渗透率较小。封 15 号煤后,在工作制度变化不大的情况下,压力的传播主要集中在 3 号煤上,工作制度的变化导致煤层气井采动状况发生变化,顺层方向上压力梯度变大,地下流体的压差也变大,单位时间内流体流量变大,表现为储层渗透率明显增加。相比而言,J32 井储层渗透率动态变化曲线较为平缓,说明采动状况的变化对储层渗透率影响较大。

J11 井和 J32 井储层渗透率动态变化模拟结果表明,随着煤层气井排采时间的延长,储层渗透率呈指数规律衰减(见图5-9):

J11 井　　　　　　　　$K = 7.422\,5e^{-0.002\,2t}$, $r = 0.858$　　　　　　(5-13)

J32 井　　　　　　　　$K = 6.182\,1e^{-0.011\,9t}$, $r = 0.989$　　　　　　(5-14)

这与前人的实验结果,渗透率随有效应力的关系具有相似的规律。这说明在煤层气的排采过程中,储层渗透率在有效应力、气体滑脱效应和煤基质收缩效应的共同作用下,有效应力对储层渗透率的控制占有主导地位,后两种因素对储层渗透率增大的效果起着次要的作用。J11 井和 J32 井储层渗透率模拟结果对比分析表明,不同构造部位的煤层气

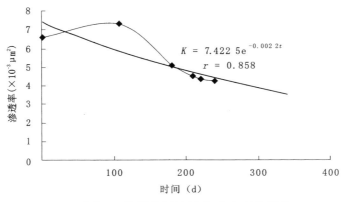

（a）J11井煤储层渗透率动态变化规律

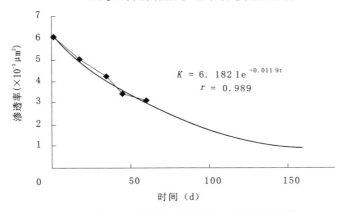

（b）J32井煤储层渗透率动态变化规律

图 5-9　不同时期煤储层渗透率动态变化规律

井储层渗透率的变化具有相似的规律性,即随排采时间的延长,储层渗透率呈指数规律衰减。不同之处在于,试井渗透率较大的煤层气井不同时期的渗透率都要大于试井渗透率较小的煤层气井(见表5-6),并且渗透率衰减幅度较慢,反映出原始储层渗透率较大的煤层气井具有较好的煤层气抽放前景。

　　需要指出的是,先前得出的渗透率与有效应力的关系是在实验室条件下得出的,无论是块煤还是成型煤样品,都是在样品长度不变的条件下进行的。也就是说,外界条件以及自身条件的变化,只是改变了流体细观上的运移路径长度,宏观上的运移路径可视为不变。而储层模拟条件下,随着储层压力由井筒向远离井筒方向的传播,流体宏观上的运移路径长度在不断发生变化。

5.2.2.2　储层模拟渗透率与实验模拟渗透率对比分析

　　储层模拟渗透率动态变化结果表明,随着煤层气井排采时间的延长,储层渗透率呈指数规律衰减,这与第 5 章渗透率实验模拟以及表5-7 中自然煤样渗透率实验模拟结果——随流体压力的逐渐降低,渗透率逐渐增大——的结论呈现出截然相反的两种状况。

这两种结论看似相互矛盾,但又有各自特定的内在模拟条件或背景,并且似有相互补充、相互衔接之势。分析认为,煤储层实际赋存环境下,煤储层长期处于地下水环境中,由于煤中含有大量的亲水矿物,在长期的浸润环境下,煤体已经完全处于水饱和状态,而实验模拟条件较难达到这种状况,这样,地下煤体的力学性质远远低于自然煤样。由于地应力(主要包括构造应力和上覆地层应力)远远大于实验模拟应力,在煤层气的排采过程中,有效应力占绝对优势,渗透率逐渐降低。

表 5-7　储层模拟渗透率与实验模拟渗透率对比分析

储层模拟渗透率				实验模拟渗透率	
J11 井		J32 井		以晋城凤凰山矿为例	
模拟时间	渗透率 ($\times 10^{-3}\mu m^2$)	模拟时间	渗透率 ($\times 10^{-3}\mu m^2$)	流体压力 (MPa)	渗透率 ($\times 10^{-3}\mu m^2$)
初始	6.58	初始	6.05	0.5	0.253
第 108 天	7.34	第 18 天	5.04	1.0	0.208
第 180 天	5.09	第 35 天	4.25	1.5	0.17
第 210 天	4.50	第 45 天	3.39	2.0	0.155
第 220 天	4.35	第 60 天	3.08		
第 240 天	4.28				

由于受煤层气井试排采时间及排采数据的限制,本次模拟工作直到结束时,含水饱和度仍然较高,均在 85% 以上,而实际煤层气井排采服务年限都在 10 年以上,远远大于试排采时间。因此,在后期漫长的排采过程中,随着地下水的逐渐排出,煤体含水饱和度的下降,含气饱和度的增大,煤体会逐渐变得干燥,煤的力学性质会逐渐增强。也就是说,煤体骨架对上覆应力的支撑作用会逐渐增强,这样导致作用在煤基质上的有效应力逐渐减小。有效应力减小,就是有效应力对煤体渗透性的负向作用逐渐减小,再加上煤基质的收缩效应与滑脱效应对渗透率的改善作用,在后期的排采时间内,煤体的渗透率有可能得以改善。

5.2.2.3　储层模拟渗透率与试井渗透率对比分析

从表 5-8 中同一口井试井和历史拟合两种方法对煤储层渗透性的评估结果可以看出,历史拟合的结果一般大于试井的测试结果,前者是后者的 0.81 ~ 25.0 倍,一般在 2 ~ 10 倍,二者之间的差异是明显的。美国黑勇士盆地的 P8、P6 两口井,试井渗透性高于历史拟合结果,它们的共同特点是试井所测煤层渗透率异常高,最高可达 $100 \times 10^{-3}\mu m^2$。我国的沁水盆地也有类似的情况出现,这可能是钻井遇到的构造裂隙等所致,属异常现象。

表 5-8　储层模拟渗透率与试井渗透率对比分析(引自煤科总院西安分院,2000)

井号	煤层	试井渗透率 ($\times 10^{-3} \mu m^2$)	拟合渗透率 ($\times 10^{-3} \mu m^2$)	拟合/试井	备注
吴试 1 井	10	0.100	1.789	17.890	
煤柳-1	4	1.310	4.200	3.206	
煤柳-2	8	8.860	12.200	1.377	
煤柳-3	4	1.200	4.200	3.500	
煤柳-4	8	0.960	12.200	12.708	
大参-1 井	6	0.061	1.000	16.393	
TL-003	3	0.946	3.546	3.748	
	15	0.257	0.707	2.751	
PIB	Mary Lee	3 ~ 11	15.000	1.4 ~ 5.0	
PIC	Black Creek	2.300	3.000	1.3	
P2	Mary Lee	2.000	25.000	12.5	美国黑勇士盆地
P3	Mary Lee	1 ~ 8	25.000	3.1 ~ 25	
	Black Creek	0.2 ~ 2.3	2.500	1.1 ~ 12.5	
P8	Mary Lee	50 ~ 100	10.000	0.1 ~ 0.2	
	Mary Lee	11 ~ 46	10.000	0.2 ~ 0.9	
P6	Blackcreek	0.1 ~ 0.9	1.500	1.7 ~ 15.0	
Hamilton	Fruitland	6.700	10.000		美国圣胡安盆地
J11	3	2.0	6.58	3.29	
	15	1.45	1.17	0.81	
J32	3	0.514	6.05	11.77	

　　我国煤层气井中进行的排采实践中,一些井获得工业性气流充分说明煤层的实际渗透性远远不像试井测试渗透率所显示的那样低。一方面,试井测试过程中,钻井液和煤粉等不可避免地要对煤储层有些伤害,使近井地带煤层中的裂隙被堵塞;另一方面,为了不致将煤层压开,注水时的注入压力通常都很低,水的径向流动范围有限。这两种因素的叠加影响结果,使试井测得的渗透率只反映近井地段的情况,并不能代表整个煤储层的真实面貌,其测值普遍偏低。由于排采气井一般都经过增产强化措施,消除了近井地带煤层所遭受的伤害;同时,生产时排水降压所影响的范围较大,因而历史拟合所得结果更近于储层的真实情况。

　　为了客观地对整个煤储层渗透性进行评价以及较准确地进行产能预测,应该进行排采试验,根据生产数据,采用数值模拟技术历史拟合的结果,不宜直接使用试井渗透率数值进行评价。

5.2.3　其他参数动态变化规律

　　由 J11 井和 J32 井的模拟结果(见表 5-4、表 5-5),可以得到储层压力、含气量、裂隙间距、含水饱和度等参数随煤层气井排采时间的动态变化规律(见图 5-10)。

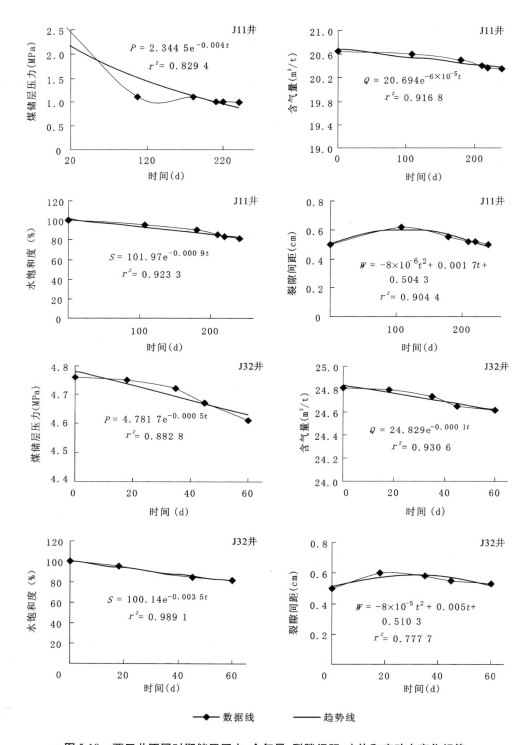

图 5-10　两口井不同时期储层压力、含气量、裂隙间距、水饱和度动态变化规律

随着排采时间的延长,储层压力呈指数规律衰减

J11 井 $P = 2.344\ 5e^{-0.004t}$, $r = 0.908$ (5-15)

J32 井 $P = 4.781\ 7e^{-0.000\ 5t}$, $r = 0.917$ (5-16)

含气量呈指数规律衰减

J11 井 $Q = 20.694e^{-6 \times 10^{-5}t}$, $r = 0.958$ (5-17)

J32 井 $Q = 24.829e^{-0.000\ 1t}$, $r = 0.960$ (5-18)

裂隙间距呈多项式形式变化

J11 井 $W = -8 \times 10^{-6}t^2 + 0.001\ 7t + 0.504\ 3$, $r = 0.951$ (5-19)

J32 井 $W = -0.000\ 08t^2 + 0.005t + 0.510\ 3$, $r = 0.934$ (5-20)

含水饱和度呈指数规律衰减

J11 井 $S = 101.97e^{-0.000\ 9t}$, $r = 0.961$ (5-21)

J32 井 $S = 100.14e^{-0.003\ 5t}$, $r = 0.997$ (5-22)

由上述分析可知,排采过程中,储层压力、含气量、含水饱和度等参数均呈指数形式衰减,并且相关性较高,但衰减的幅度极其缓慢;裂隙间距呈多项式变化,曲线形态变化也极其平缓。

值得讨论的是,上述各参数的动态变化规律是在排采的初期阶段,即煤岩的力学性质变化不大的情况下得到的结果,上述规律可能不适用于较长排采时间后的变化情况。至于煤层气井后期排采阶段的变化情况,由于缺乏可以利用的实际数据,尚需要进行更进一步的研究探索。

5.3 相关问题的讨论

5.3.1 煤储层渗透率动态变化规律对气、水产能的影响

为了探讨煤储层渗透率动态变化规律对气、水产能的影响,根据 P108 和 P112 中渗透率以及其他参数变化规律的拟合公式,求出 J11 井、J32 井不同排采阶段渗透率、储层压力、含气量、裂隙间距、含水饱和度的值(见表 5-9)。

以表 5-9 中不同排采阶段的各参数值为各阶段的初始储层参数,输入储层模拟软件,即可得出各排采阶段的气水产能(见表 5-9)。从两口井不同渗透率对气水产能的影响情况来看,气水产能对渗透率极为敏感,气水产量随渗透率的增大而增大,并且渗透率较小的变化就会对气水量产生显著的影响。阶段气水产量呈现降低的趋势,而累积气水产量表现为负增长(见图 5-11)。

采用恒定渗透率对 J32 井未来 10 年气水产能的预测结果约为 $4 \times 10^7\ m^3$,而运用本模拟结果所得的动态渗透率对 J32 井未来 10 年气水产能的预测结果约为 $9.26 \times 10^5\ m^3$。可见,运用动态渗透率和采用恒定渗透率对气水产能的预测结果产生的差异较为显著。同时也说明,采用传统的恒定渗透率对煤层气井未来产能的预测极大地高估了高煤级煤层气井的产气能力,如果高煤级煤层气井要可持续开采,则必须考虑二次完井的增产措施。因此,采用动态变化渗透率修正储层模拟模型,对于排采中各参数的动态反馈和气井未来产能的预测,都具有非常重要的实际意义。

表 5-9　各参数以及气水产量不同排采阶段的值

井	参数	排　采　时　间　（d）								
		365	730	1 095	1 460	1 825	2 190	2 555	2 920	3 285
J11 井	渗透率（×10⁻³μm²）	3.325	1.490	0.667	0.298	0.134	0.060	0.027	0.012	0.005
	储层压力（MPa）	2.03	1.75	1.51	1.31	1.13	0.98	0.84	0.72	0.63
	含气量（m³/t）	20.65	20.60	20.56	20.51	20.46	20.42	20.37	20.33	20.29
	裂隙间距（cm）	1.02	1.32	1.41	1.28	0.94	0.39	0	0	0
	含水饱和度（%）	73.42	52.86	38.06	27.40	19.73	14.21	10.23	7.36	5.31
	阶段产水量（m³）	5 711	2 945	1 432	1 200	536	241	57	46	20
	阶段产气量（m³）	464 920	245 342	109 842	59 335	26 532	11 930	4 506	2 615	1 162
	累积产水量（m³）	5 711	8 657	10 089	11 289	11 825	12 067	12 124	12 170	12 191
	累积产气量（m³）	464 920	710 263	820 105	879 440	905 972	917 903	922 409	925 025	926 187
J32 井	渗透率（×10⁻³μm²）	0.081	0.001	1E-5	1E-7	2E-9	2E-11	3E-13	5E-15	6E-17
	储层压力（MPa）	3.984	3.319	2.766	2.304	1.920	1.599	1.333	1.110	0.925
	含气量（m³/t）	23.94	23.08	22.25	21.46	20.69	19.95	19.23	18.54	17.88
	裂隙间距（cm）	0	0	0	0	0	0	0	0	0
	含水饱和度（%）	27.91	7.78	2.17	0.61	0.47	0.17	0.013	0.003	0.001
	阶段产水量（m³）	2 025	28.2	0.45	—	—	—	—	—	—
	阶段产气量（m³）	427 890	6 044	91	—	—	—	—	—	—
	累积产水量（m³）	2 025	2 050	2 050	2 050	2 050	2 050	2 050	2 050	2 050
	累积产气量（m³）	427 890	433 935	434 027	434 027	434 027	434 027	434 027	434 027	434 027

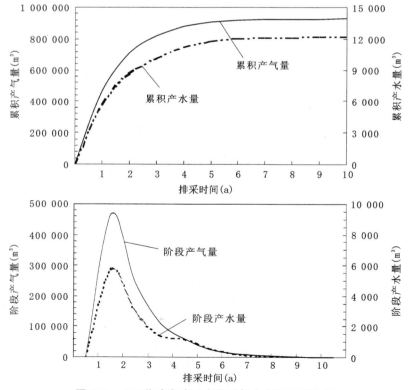

图 5-11　J11 井动态渗透率值对气水产能预测曲线

5.3.2　构造对渗透率变化的影响

J11 和 J32 两口井的构造部位的详细对比见 5.1.3 部分。J32 井位于次级背斜轴部，J11 井位于该背斜的西翼斜坡上。

两口井渗透率的动态变化规律表明，随煤层气井的排采，储层渗透率具有相似的变化规律，即储层渗透率呈指数形式衰减。对处于不同构造部位的两口井的对比分析可知，背斜轴部 J32 井初始渗透率为 $6.05 \times 10^{-3} \mu m^2$，J11 井初始渗透率为 $6.58 \times 10^{-3} \mu m^2$，二者相差不大。但渗透率的衰减幅度，背斜轴部 J32 井为 0.012 8，而斜坡上 J11 井为 0.002 2，可见背斜轴部井的渗透率衰减幅度较大。两者之比 $K_{J11} / K_{J32} = 5.41$，与作者 2000 年在矿井自然干燥煤体下所做的裂隙发育带与非裂隙发育带得出的结论恰恰相反，这可能是地下水环境作用的结果。分析认为，J32 井位于背斜轴部，处于局部拉张应力环境下，裂隙较发育，在地下水环境的作用下，煤体的力学性质远远低于其翼部斜坡带煤体的力学性质，随煤层气井采动过程的影响，煤体较易发生形变，裂隙面较易发生闭合。

5.3.3　裂隙间距变化对渗透率变化的影响程度和理论分析

模拟结果表明，煤储层渗透率与裂隙间距呈正相关关系，随着裂隙间距的增大而增大（见图 5-12）。而 Hobbs（1993）研究结果表明，煤储层的渗透率与裂隙壁距的三次方成正比。可见两种方法得出的渗透率与裂隙间距之间的关系存在相同的趋势。由于煤储层的渗透率主要由裂隙系统的渗透性能来体现，煤储层的渗透率依赖于裂隙壁距的大小，也就是说，裂隙壁距的变化对储层渗透率产生显著的影响。

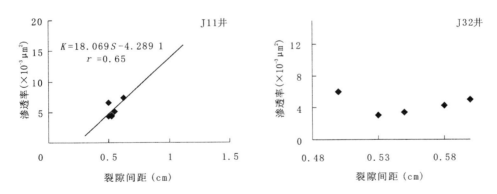

图 5-12　数值模拟渗透率与裂隙间距之间的关系

5.3.4　储层压力变化对渗透率变化的影响程度和理论分析

数值模拟结果表明，煤储层渗透率与储层压力呈正相关关系，随着储层压力的降低而降低（见图 5-13）。储层压力是煤层气发生运移的驱动力，储层压力和压力大小决定了其对煤层气的输导能力，较高的储层压力说明储层中的流体具有较高的能量。储层压力增高，煤层气压力对裂隙面的内张力加强，也是煤储层渗透率随储层压力加大而增高的原因之一。在外界压力平衡被打破后，流体运移的潜能较大，运移的速度高，单位时间内同一断层流过的流体量大,反映出具有较大的渗透能力,即具有较高的渗透率。煤储层在漫长历史时期的变化中,现今已处于一种应力平衡状态,即在构造压力、储层压力保持平衡状态,储层压力对裂隙的壁距起着支撑作用。储层压力的下降,使得应力发生新的变化,应力将会在下降的方向上发生转移。这种情况下,裂隙实质上受到应力重新分布的挤压作用,裂隙壁距发生闭合,使围限压力得以释放,打破了这种长期形成的应力场及压力场的平衡。

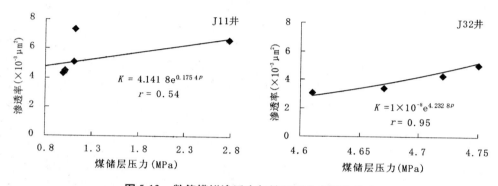

图 5-13　数值模拟渗透率与储层压力之间的关系

第6章　结　论

本书针对高煤级煤层气藏地质评价及开发存在的理论与实践问题,通过全面吸收新近施工的煤层气井试井与排采资料,结合沁水盆地的地质背景,深入系统地探讨了高煤级煤储层原始渗透率的构造控制因素,系统研究了高煤级煤储层渗透率在采动过程中的动态变化规律及机理,取得了新的认识与发现。

一、系统探讨了高煤级煤储层原始渗透率的控制因素

(1)通过对大量试井参数资料的系统分析,发现煤储层渗透率对调查半径十分敏感,太大和太小调查半径下得出的渗透率值不能代表煤储层渗透率的真实特征。调查半径小于4.8 m和大于150 m时,应属异常因素。分析发现,煤储层渗透率与埋深及储层压力的相关性相当离散,渗透率的首要控制因素是地质构造因素。

(2)高煤级煤储层原始渗透率显著受控于不同构造样式:复向斜轴部埋深普遍大于1 000 m,地应力的作用非常显著,渗透率最小;褶皱复合叠加带煤储层试井渗透率异常高的现象较为频繁,单斜带煤储层结构完整,裂隙不发育,渗透率低;断层带的晋城矿区,形成完全开放的构造环境,构造应力释放,断裂派生的局部构造应力,使煤层裂隙较为发育,渗透性好。

(3)山西组主煤储层构造主曲率与试井渗透率之间的关系说明,煤储层构造主曲率以中等为好,试井渗透率大于$0.5 \times 10^{-3}\ \mu m^2$对应的构造曲率分布于$0.05 \times 10^{-4} \sim 0.2 \times 10^{-4}/m$,构造主曲率过高或过低都不利于煤储层渗透率的提高。

(4)在系统分析构造应力场和现场观测的基础上,发现天然裂隙优势发育方向和现代构造应力场最大主应力方向基本一致,从而形成了高渗透率的重要地质基础。主煤层试井渗透率随现代构造应力场最大主应力差的增大呈指数形式增高,两者之间关系可区分为3个层次:①双高类别,主应力差高,渗透率也较高,$\Delta\sigma > 100$ MPa或150 MPa,$K > 1 \times 10^{-3}\ \mu m^2$;②双中类别,主应力差中等,渗透率也中等,85 MPa $< \Delta\sigma < 100$ MPa或110 MPa $< \Delta\sigma < 150$ MPa,$0.5 \times 10^{-3}\ \mu m^2 < K < 1 \times 10^{-3}\ \mu m^2$;③双低类别,主应力差低,渗透率也较低,$\Delta\sigma < 85$ MPa或110 MPa,$K < 0.5 \times 10^{-3}\ \mu m^2$。同时发现,山西组主煤层这种相关性较强,而太原组主煤层的相关性较弱。随埋深增加,现代构造应力场对煤储层渗透率的控制作用会越来越弱,而上覆岩层垂向应力的控制作用将有所增大。

二、运用现代岩石力学理论和方法,探讨了高煤级煤的构造控制规律

(1)不同构造环境煤样的应力—应变曲线具有相似的总体形态,在低压阶段均存在一直线段或近似直线段,随着轴向压力增大,煤样在一定临界压力下出现屈服平台,呈现塑性流动现象。

(2)总体上来看,自然煤样的弹性模量大于水饱和及气水饱和煤样。弹性模量大的

自然煤样,其水饱和煤样的弹性模量也大。抗压强度自然煤样 > 水饱和煤样 > 气水饱和煤样,抗压强度大的自然样品,其水饱和与气水饱和样品的抗压强度也相应较大。泊松比自然煤样 < 水饱和煤样 < 气水饱和煤样,泊松比高的气水饱和煤样,其水饱和煤样的泊松比也相应较高。

(3)煤体积变形与流体压力之间的关系具有朗格缪尔方程的形式。在较低流体压力下,煤体积变形增加很快;随着流体压力增大,煤体积变形增加变缓。反之,随着流体压力的减小,煤基质在单位压力变化条件下的收缩率呈直线形式增大,预示着在煤层气的实际开发过程中,随煤层气的逐渐排出和储层压力的下降,煤基质收缩率会逐渐增大。

(4)实验表明,在高煤级煤阶段,随煤级的增加,最大吸附膨胀量 ε_{max} 呈现出降低的总体趋势,但最大吸附膨胀量更显著地受构造样式的制约。

(5)水饱和煤样最大吸附膨胀量与其力学性质具有良好的负相关关系。气水饱和煤样的抗压强度、弹性模量越大,其吸附膨胀量越小,充分说明煤的吸附膨胀变形量的内在控制因素是煤体本身所固有的力学性质。也就是说,在煤层气开发过程中,强度较大的煤体其基质收缩变形量较小,煤储层渗透性较难得到改善。不同构造环境对煤基质吸附膨胀量起着重要的控制作用,构造环境通过对煤体结构的控制,导致煤体力学性质出现显著差异,是控制煤储层吸附膨胀变形的根本内在因素。

三、基于现代测试技术及方法,探讨了高煤级煤渗透率的构造—采动耦合影响,构建了煤基质自调节效应模式

(1)He 克氏渗透率大于 CH_4 克氏渗透率,CH_4 克氏渗透率大于水单相渗透率,煤分子中极性基团与极性介质分子之间产生的作用力较强,因而煤对流体介质吸附力的顺序为水 > 甲烷 > 氦气。煤对介质的渗透性能为氦气 > 甲烷 > 水,水对煤的力学性质产生了重要的影响。强度降低,煤体结构发生改变,裂隙在较小围限应力下就会闭合,引起有效过水断面流量减少,导致渗透率大大降低。

(2)不同构造环境对煤的渗透率起着重要控制作用。寿阳百僧庄矿位于两条正断层的交会地带,煤储层由于正断层交会改造作用而裂隙极为发育,孔隙度最高达 5.3%,煤样渗透率远大于其他样品。高平望云矿位于庄头正断层的下盘控制之下,煤储层渗透率也较高。晋城凤凰山矿虽受到逆断层的挤压,煤层裂隙也较为发育,煤样渗透率也较高。阳城南部的复向斜仰起端,断裂作用相对较弱,煤储层结构完好,裂隙极不发育,渗透率最低。单斜带的左权石港矿,煤层为原生结构,煤体结构完整、致密,裂隙不发育,渗透率较低。

(3)在有效应力恒定的条件下,煤样渗透率与平均压力的倒数呈线性负相关关系,渗透率随流体平均压力的增大而减小。随流体压力的降低,不同构造环境煤样的滑脱效应、煤基质收缩效应所引起的渗透率增量具有相似的规律性,即滑脱效应引起的渗透率增量随流体压力的降低呈指数形式增大,煤基质收缩效应引起的渗透率增量随流体压力的降低呈对数形式增大。当流体压力及围压降低时,滑脱效应和煤基质收缩效应都较明显;当流体压力大于 1.5 MPa 后,两种效应的曲线形态变得比较平缓。由此表明,滑脱效应和煤基质收缩效应在低压下均较明显,高压下受到限制,对渗透率变化的影响较弱。

(4)不同构造环境和不同煤级煤样的滑脱效应、煤基质收缩效应引起的渗透率增量

存在较大的差异,在相似构造环境下,煤级对滑脱效应引起的渗透率增量起着显著控制作用。绝对渗透率越大,滑脱效应及煤基质收缩效应引起的渗透率增量也越大。说明原始渗透率越大的煤储层,在煤层气开采过程中其渗透率的可改善性越强。

(5)中煤级煤样的滑脱效应和煤基质收缩效应明显高于高煤级煤样,气水两相共渗区域较宽。相比之下,高煤级煤样气水两相共渗区域较窄,不利于甲烷最终采收率的提高。随着气体饱和度的逐渐增加,过平衡点后,气相渗透率增加相对较快,但束缚水下气相渗透率明显受控于构造环境,最大值与最小值相差 2~3 个数量级。煤级对束缚水下气相渗透率、束缚水饱和度同样也起着控制作用,束缚水饱和度随煤级的增大而增大,束缚水下气相渗透率随煤级的增大而减小。

(6)煤基质负正自调节效应之间的耦合关系符合指数模式,随应力渗透率降低率而逐渐增加,收缩渗透率增加率呈指数形式增加。煤基质自调节综合效应渗透率增量与流体压力之间具有良好的耦合关系,随流体压力增加,综合效应渗透率呈负对数模式降低。由此预示,随排采过程中煤储层压力的降低,煤储层渗透率有不断改善的趋势。煤基质自调节综合效应渗透率增量与煤级具有良好的耦合关系,随煤级的增加,综合效应渗透率呈负对数模式降低。也就是说,随煤级的增加,有效应力渗透率降低率有大于煤基质收缩渗透率增加率的趋势,这同时意味着低—中煤级煤储层比高煤级煤储层具有较高的煤层气开发潜势。

四、首次根据煤基质自调节模式,运用数值模拟技术对煤储层渗透率动态变化规律进行了系统探讨

(1)数值模拟表明,高煤级煤储层渗透率受煤层气井采动状况影响较大。随着煤层气井排采时间的延长,渗透率呈指数规律衰减,与渗透率与有效应力关系的物理模拟结果具有相似的规律,说明在煤层气的排采过程中,有效应力对储层渗透率的控制占有主导地位。不同构造部位煤层气井渗透率的动态变化具有相似的总体规律。不同之处在于:试井渗透率较大的煤储层在不同排采时期的渗透率都要大于试井渗透率较小的煤储层,并且渗透率衰减幅度较慢,反映出原始储层渗透率较大的高煤级煤储层具有较好的煤层气地面开发前景。

(2)两口井渗透率的动态变化规律表明,随煤层气井的排采,储层渗透率具有相似的变化规律,即渗透率呈指数形式衰减。不同构造部位的两口井对比分析表明,背斜轴部井的渗透率衰减幅度较大,为其翼部斜坡井的 5.41 倍,与现场自然状态煤层试验所得出的结论恰恰相反,这可能是地下水环境作用的结果。在背斜轴部,裂隙较为发育,地下水使得煤体的力学性质比单斜带煤体力学性质大大降低,煤储层在排采过程中较易发生形变,裂隙面较易发生闭合。

(3)随着排采时间的延长,储层压力、含水饱和度、含气量均呈指数规律衰减,裂隙间距呈多项式形式变化。气水产能对渗透率极为敏感,累积产水量随渗透率的增大而增大,并且较小的渗透率变量就会对累积气水量产生显著影响。因此,采用动态变化渗透率修正煤储层模拟模型,对于煤层气排采过程中煤储层相关参数的动态反馈、排采方案的优化调整、气井未来产能的精确预测等,都具有非常重要的实用价值。

参考文献

[1]　Bustin R M. Importance of Fabric and Composition on the Stress Sensitivity of Permeability in Some Coal, Northern Sydney Basin, Australia: Relevance to Coalbed Methane Exploitation[C]. AAPG Bulletin,1997,81(11).

[2]　Close J C. Natural Fracture in Coal[C]// Hydrocarbons from Coal, Law B E and Rice D D,eds. AAPG, Studies in Geology,1993,38:119 – 132.

[3]　Decker A C. 澳大利亚昆士兰州鲍恩盆地的煤层甲烷勘探战略[M]//煤炭科学研究总院西安分院. 煤层甲烷地面开发译文集(一). 西安:煤炭科学研究总院西安分院,1989.

[4]　Enever J R,Henning E A,宋党育译. 澳大利亚煤的渗透率与有效应力的关系及其对煤层气勘探和储层模拟的影响[J]. 煤层气,1997,3.

[5]　Enever R E,Hennig A. The Relationship between Permeability and Effective Stress for Australian Coals and its Implications with Respect to Coalbed Methane and Reservoir Modeling[C]. Proceedings of the 1997 International Coalbed Methane Symposium,1997:13 – 22.

[6]　Gash B W,Volz R F,Potler,et al. The Effect of Cleat Orientation and Confining Pressure on Cleat Porosity, Permeability and Relative Permeability in Coal[C]//9321 Proceedings of the 1993 International Coalbed Methane Symposium.

[7]　George J D St,Barakat M A. The Change in Effective Stress Associated with Shrinkage from Gas Desorption in Coal[J]. International Journal of Coal Geology,2001,45:105 – 113.

[8]　Harpalani S,Shraufnagel R A. Shrinkage of Coal Matrix with Release of Gas and Its Impact on Permeability of Coal[J]. Fuel,1990a,69:551 – 556.

[9]　Harpalani S,Pariti U M. Study of Coal Sorption Isotherm Using a Multi-component Gas Mixture[C]. 1993 International Coalbed Methane Symposium.

[10]　Harpalani S,Miphreson M J. The Effect of Gas Pressure on Permeability of Coal[C]. 2nd US Mine Ventulation Symp. Reho,1986(1):369 – 375.

[11]　ISRM. Commission on Standardization of Laboratory and Field Tests,Suggest Methods for Determining Water Content,Porosity,Density,Absorption and Related Properties and Swelling Slake Durability Index,Document No. 2,First Revision. In Rock Characterization,Testing and Monitoring,Pergamon Press,Oxford,1981.

[12]　J D St George,M A Barakat. The Change in Effective Stress Associated With Shrinkage from Gas Desorption in Coal[J]. International Journal of Coal Geology, 2001, 45:105 – 113.

[13] Laubach S E, Marrett R A, Olson J E, et al. Characteristics and Origins of Coal Cleat: A review[J]. International Journal of Coal Geology, 1998, 35: 175 - 207.

[14] Law B E. The Relationship between Coal Rank and Cleat Spacing Implications for the Prediction of Permeability in Coal[C]. Proceeding of the 1993 International Coal bed Methane Symposium, 1993: 435 - 441 .

[15] Levine J R. Model Study of the Influence of Matrix Shrinkage on Absolute Permeability of Coalbed Reservoirs[J]. Geological Society Publication, 1996(199): 197 - 212.

[16] Levine J R. Coalification: the Evolution of Coal as Source Rock and Reservoir Rock for Oil and Gas[M]//Law B E, Rice D D(eds). Hydrocarbons from coal. American Association of Petroleum Geologist, Studied in Geology, 1993, 38: 39 - 77.

[17] Mavor M J, Vaughn J E. 提高圣胡安盆地 Fruitland 组绝对渗透率的技术[J]. 张有生译, 叶建平校. 煤层气, 1998(2): 49 - 63.

[18] McKee C R, Bumb A C, Koenig R A. Stress-Dependent Permeability and Porosity of Coal[J]. Rocky Mountain Association of Geologist, 1987, 143 - 153 .

[19] McKee K, Bumb A C, Way S C, et al. 应用渗透率与深度关系评价煤层天然气的潜力[M]. 张胜利译//华北石油地质局. 煤层气译文集. 郑州: 河南科学技术出版社, 1986.

[20] Peter Connolly, John Cosgrove. Prediction of Fracture-induced Permeability and Fluid Flow in the Crust Using Experimental Stress Data[C]. AAPG Bulletin, 1999, 83(5): 757 - 777.

[21] Puri R, Evanoff J C, Brulger M L. Measurement of Coal Cleat Property and Relative Permeability Characteristics[M]//SPE21491, 1993.

[22] Puri R, Yee D. Enhanced Coalbed Methane Recovery[J]. Proceedings of the Society of Petroleu m Engineers, New Oleans, LA, SPE 20732, 1990.

[23] Qin Y, Jiang B. Coalification Jumps, Stages and Mechanism of High-rank Coals in China [C]//Proc. 30th Int. Geol. Congr. Yang Qi (ed) Netherlands: Int. Sci. Publishers, 1997: 99 - 122.

[24] Qin Yong, Fu Xuehai, Li Tianzhong, et al. Key Geological Controls to Formation of Coalbed Methane Reservoirs in Southern Qinshui Basin of China: II, Moderm Tectonic Stress Field and Burial Depth of Coal Reservoirs[C]. The 2001 International Coalbed Methane Symposium. May 14 - 18. Bryant Conference Center . The University of Alabama, Tuscaloosa, Alabama, USA: 363 - 366.

[25] Qin Yong, Fu Xuehai, Li Tianzhong, et al. Key Geological Controls to Formation of Coalbed Methane Reservoirs in Southern Qinshui Basin of China: III, Factor Assembly and CBM Reservoir-Forming Pattern[C]. The 2001 International Coalbed Methane Symposium. May14 - 18. Bryant Conference Center. The University of Alabama, Tuscaloosa, Alabama, USA: 367 - 370.

[26] Saulsberry J L, Schraufnagel R A. Study of the Influence of the Change of Permeability

and Other Parameters to Coalbed Methane Recovery[C]//9321 Proceedings of the 1993 International Coalbed Methane Symposium,1993：256 – 264.

[27]　Scott A R. Improving Coal Gas Recovery with Microbially Enhanced Coalbed Methane [C]. International Coalbed Methane Symposium,1996.

[28]　Sun Peide. A New Method for Calculating the Gas Permeability of a Coal Seam[J]. Int. J. Rock Mech. Min. Sci. Gromech. Abstr,1990,4(27).

[29]　Symth M,Buckley M J. 澳大利亚布里煤层显微煤岩类型序列统计分析及其与煤层渗透率的关系[J]. 秦勇译. 国外煤田地质,1994(3):13 – 19.

[30]　Thomas J,Damberger H H. Internal Surface Area,Moisture Content and Porosity Illinois Coals-variations with Rank[J]. Illinois State geology survey circular,1976:493.

[31]　Tremain C M,Whitehead N H. Natural Fracture (cleat and joint) Characteristics and Pattern in Upper Cretaceous and Tertiary Rocks of the San Juan basin[J]. Gas Research Institute GRI90/0014,1990(1):73 – 84.

[32]　Tyler,Roger,Laubch S E. Effects of Compaction on Cleat Characteristics[J]. Gas Research Institute GRI91/0072,1991:141 – 151.

[33]　Vasyuchkov Y F. A study of Porosity,Permeability and Gas Release of Coal as its Saturation with Water and Acid Solutions[J]. Soviet mining science,1985(1):81 – 88.

[34]　Walker P L. Densities,Porosities and Surface Area of Coal Macerals as Measured by Their Interaction with Gases,Vapours and Liquids[J]. Fuel,1988,67(10)：1615 – 1623.

[35]　Walsh J B. Effect of Pore Pressure and Confining Pressure on Fracture Permeability [J]. Int：J. Rock Mech. Min. Sci. 1981(18)：429 – 435.

[36]　Warpinsky N R,Teufel L W,Graf D C. Effect of Stress and Pressure on Gas Flow through Natural Fractures. SPE 22666,1991,105.

[37]　Wolf K-H A A,Ephraim R W,Bertheux J,et al. Coal Cleat Clasification and Permeability Estimation by Image Analysis on Cores and Drilling Cuttings[C]. The 2001 International Coalbed Methane Symposium. May 14 – 18. Bryant Conference Center. The University of Alabama,Tuscaloosa,Alabama,USA:1 – 10.

[38]　Xianbo Su,Yanli Feng,Jiangfeng Chen,et al. The Annealing Mechanisms of Cleats in Coal[C]. The 2001 International Coalbed Methane Symposium. May 14 – 18. Bryant Conference Center. The University of Alabama,Tuscaloosa,Alabama,USA：351 – 356.

[39]　Zhao Y S,et al. The Permeability Classification of Coal Seam in China[J]. Int. J. Rock Mech. Min. sci. 1995,32(4):365 – 369.

[40]　Zheng S Y, et al. Uncertainty in Well Test and Core Permeability Analysis：A Case Study in Fluvial Channel Reservoirs,northern North Sea,Norway[C]. AAPG Bulletin, 2000,84(12)：1929 – 1958.

[41]　丁广骧. 矿井大气与瓦斯三维流动[M]. 徐州：中国矿业大学出版社,1996.

[42]　于不凡. 煤矿瓦斯灾害防治及利用手册[M]. 北京：煤炭工业出版社,2000.

[43]　大冢一雄. 煤层瓦斯渗透性的研究——粉煤成型煤样的渗透率[J]. 煤矿安全,

1982:31 - 36.

[44]　中国地震局地质研究所.古今地应力场特点与煤储层构造裂隙(割理)分布规律研究[R],1999.

[45]　中原石油勘探局勘探开发科学研究院.沁水盆地煤层气勘探目标评价研究[R],1999.

[46]　中联煤层气有限公司.TL-003井煤层气数值模拟研究[R],1999.

[47]　中联煤层气有限责任公司.屯留—长子地区煤层气赋存条件及有利区块研究[R],2001.

[48]　中联煤层气有限责任公司.沁水煤层气田新增煤层气探明储量报告[R],2000.

[49]　孔祥言.高等渗流力学[M].合肥:中国科学技术大学出版社,1999.

[50]　毛节华,许惠龙.中国煤炭资源预测与评价[M].北京:科学出版社,1999.

[51]　氏平增之.煤与瓦斯突出的模型研究及其理论探讨[C].第二十一届国际采矿会议论文集,1985.

[52]　气水相渗透率测定.SY/T 5843—1997.中华人民共和国石油天然气行业标准[S].

[53]　王一,秦怀珠,焦希颖.阳泉矿区地质构造特征及形成机制浅析[J].煤田地质与勘探,1998,26(6):24 - 27.

[54]　王一兵,赵庆波.沁水盆地环状斜坡带煤层气高产富集条件及有利目标评价[J].天然气工业,1997,17(4):80 - 83.

[55]　王永,冯富成,毛耀保.沁水盆地南端煤层气赋存的构造条件分析[J].西北地质,1998,19(3):28 - 31.

[56]　王生维,张明,陈钟惠.煤储层裂隙形成机理及其研究意义[J].地球科学,1996,21(6):637 - 640.

[57]　王生维,陈钟惠,张明.煤基岩块孔裂隙特征及其在煤层气产出中的意义[J].地球科学 - 中国地质大学学报,1995,20(5):557 - 561.

[58]　王生维,陈钟惠.煤储层孔隙、裂隙系统研究进展[J].地质科技情报,1995,14(1):53 - 59.

[59]　王纯信,郭国胜.晋城矿区煤层气赋存条件及地面开发现状[J].中国煤层气,1996,2:154 - 157.

[60]　王洪林,唐书恒,林建法.华北煤层气储层研究与评价[M].徐州:中国矿业大学出版社,2000.

[61]　邓广哲.煤层裂应力场控制渗流特性的模拟实验研究[J].煤炭学报,2000,25(6):593 - 596.

[62]　韦重韬,秦勇,傅雪海,等.沁水盆地中南部煤层气聚散史模拟研究[J].中国矿业大学学报,2002,31(2):146 - 150.

[63]　韦重韬.煤层甲烷地质演化史数值模拟[D].徐州:中国矿业大学,1998.

[64]　卢平,沈兆武,朱贵旺,等.含瓦斯煤的有效应力与力学变形破坏特性[J].中国科学技术大学学报,2001,31(6):686 - 693.

[65]　叶建平,史保生,张春才.中国煤储层渗透性及其主要影响因素[J].煤炭学报,

1999,24(2):118 – 122.

[66] 叶建平,武强,叶贵钧,等.沁水盆地南部煤层气成藏动力学机制研究[J].地质论评,2002,48(3):319 – 323.

[67] 叶建平,秦勇,林大扬.中国煤层气地质特征[C]//中国地质学会编."九五"全国地质科技重要成果论文集.北京:地质出版社,2000.

[68] 叶建平,秦勇,林大扬.中国煤层气资源[M].徐州:中国矿业大学出版社,1998.

[69] 叶建平.煤岩特性对平顶山矿区煤储层渗透率的影响初探[J].中国煤田地质,1998,7(1):82 – 85.

[70] 申卫兵,张保平.不同煤阶煤岩力学参数测试[C]//中国石油改造重点实验室编.油气藏改造论文集.北京:石油工业出版社,2001.

[71] 刘明举.煤层气透气系数计算存在的问题及其解决办法[J].焦作工学院学报,1997,16(2):84 – 88.

[72] 刘金剑,陈霞.华北地区煤层渗透性及主要地质控制因素[J].煤田地质与勘探,2002,30(1):19 – 21.

[73] 刘焕杰,秦勇,桑树勋.山西南部煤层气地质[M].徐州:中国矿业大学出版社,1998.

[74] 孙茂远.黄盛初,等.煤层气开发利用手册[M].北京:煤炭工业出版社,1998.

[75] 孙粉锦,赵庆波,邓攀.影响中国无烟煤区煤层气勘探的主要因素[J].石油勘探与开发,1998,25(1):32 – 34.

[76] 孙培德,凌志仪.三轴应力作用下煤渗透率变化规律实验[J].重庆大学学报,2000,23:28 – 31.

[77] 孙雄,洪汉净.构造应力场对油气运移的影响[J].石油勘探与开发,1998,25(1):1 – 4.

[78] 朱旺喜.重视我国的煤矿瓦斯安全基础研究[M]//周世宁,鲜学福,朱旺喜.煤矿瓦斯灾害防治理论战略研讨.徐州:中国矿业大学出版社,2001.

[79] 池卫国.影响一号向斜煤层气可采性的主要地质因素[J].煤田地质与勘探,1999,27(1):29 – 32.

[80] 何伟钢,唐书恒,谢晓东.地应力对煤层渗透性的影响[J].辽宁工程技术大学学报,2000,19(4):353 – 355.

[81] 何学秋,王恩元.矿井瓦斯灾害研究新发现[J].煤炭学报,1997,22:274 – 278.

[82] 何学秋.含瓦斯煤岩流变动力学[M].徐州:中国矿业大学出版社,1995.

[83] 余申翰.煤层内瓦斯赋存形态[J].煤炭学报,1981(2):1 – 4.

[84] 余楚新.煤层中瓦斯富集、运移的基础与应用研究[D].重庆:重庆大学,1994.

[85] 吴俊,金奎励,童有德.煤孔隙理论及在瓦斯突出和抽放评价中的应用[J].煤炭学报,1991,16(3):86 – 95.

[86] 吴俊.中国煤成烃基本理论与实验[M].北京:煤炭工业出版社,1994.

[87] 吴晓东,张迎春,李安启.煤层气单井开采数值模拟的研究[J].石油大学学报,2000,24(2):47 – 53.

[88]　吴海青.孔隙水压对岩石变形特征的影响及其工程意义[C]//中国岩石力学与工程学会第二次大会论文集.北京：知识出版社,1989.

[89]　吴频,解光新.影响煤层渗透率测试的若干因素[J].煤田地质与勘探,1998,25(6)：23－25.

[90]　员争荣.试论构造控制煤层气藏储集环境[J].中国煤田地质,2000,12(3)：22－24,82.

[91]　张力,何学秋,李候全.煤层气渗流方程及数值模拟[J].天然气工业,2002,22(1)：23－25.

[92]　张广洋,等.煤的渗透性实验研究[J].贵州工学院学报,1995,24(4)：65－68.

[93]　张方礼,杨英杰,伊万泉,等.特殊储层的流动勘探研究[C]//中国石油勘探与生产分公司.滚动勘探开发技术研讨会论文集.北京：石油工业出版社,2001.

[94]　张有生,秦勇,陈家良.煤储层渗透率的非均质性模型[J].中国矿业大学学报,1998,27(1)：43－46.

[95]　张国华,梁冰.煤岩渗透率与煤与瓦斯突出关系理论探讨[J].辽宁工程技术大学学报,2002,21(4)：414－417.

[96]　张建博,王红岩,赵庆波.中国煤层气地质[M].北京：地质出版社,2000.

[97]　张建博,王红岩.山西沁水盆地煤层气有利区预测[M].徐州：中国矿业大学出版社,1999.

[98]　张金才,张玉卓,刘天泉.岩体渗流与煤层底板突水[M].北京：地质出版社,1997.

[99]　张虹,胥菊珍,杨宏斌,等.和顺地区煤储层裂隙系统评价与渗透率预测研究[J].煤田地质与勘探,2002,30(4)：27－29.

[100]　张新民,张遂安,钟玲文,等.中国煤层甲烷[M].西安：陕西科学技术出版社,1991.

[101]　张新民,解光新.我国煤层气开发面临的主要科学技术问题及对策[J].煤田地质与勘探,2002,30(2)：19－22.

[102]　张新民.我国煤层气产业发展的前景[J].煤炭学报,1997,12(增刊)：121－127.

[103]　张群,李建武,张新民,等.高煤级煤的煤层气开发潜力——以沁水煤田为例[J].煤田地质与勘探,2001,29(6)：26－30.

[104]　张慧.反映煤储层渗透性的参数之一——块煤率[J].煤田地质与勘探,2001,29(6)：21－22.

[105]　李文阳,马新华,赵庆波,等.中国煤层气地质评价勘探技术新进展[M].徐州：中国矿业大学出版社,2001.

[106]　李阳.复杂断块油藏构造表征[M].北京：石油工业出版社,2001.

[107]　李志明,张金珠.地应力与油气勘探开发[M].北京：石油工业出版社,1997.

[108]　李明宅.沁水盆地煤层气勘探及地质分析[J].天然气工业,2000,20(4)：24－26.

[109]　李树刚,钱鸣高,等.煤样全应力应变过程中的渗透系数－应变方程[J].煤田地质与勘探,2001,29(1)：22－24.

[110] 李贵中.华北典型高煤级煤储层含气性及控气因素对比[D].徐州:中国矿业大学,2000.

[111] 苏现波,陈江峰,孙俊民,等.煤层气地质学与勘探开发[M].北京:科学出版社,2001.

[112] 陈永武,胡爱梅.中国煤层气产业形成和发展面临的机遇与挑战[J].天然气工业,2000,20(4):19-23.

[113] 陈庆宣,王维襄,孙叶,等.岩石力学与构造应力场分析[M].北京:地质出版社,1998.

[114] 陈金刚,宋全友,秦勇.煤层割理在煤层气开发中的试验研究[J].煤田地质与勘探,2002,30(2):26-28.

[115] Chen Jingang, Yang Junli, Zhang Jingfei. Effect of Expansive Fillings on Fracture Seepage[J]. Mining and Science Technology,2009,19(6):824-828.

[116] 陈金刚,张景飞.充填物的力学响应对裂隙渗流的影响[J].岩土力学,2006,27(4):577-580.

[117] 陈金刚,秦勇,傅雪海.高煤级煤储层渗透率在煤层气排采中的动态变化数值模拟[J].中国矿业大学学报,2006,35(1):49-53.

[118] 张景飞,陈金刚,张世雄.裂隙充填物对围岩形变效应的数值分析[J].采矿与安全工程学报,2008,25(3):318-322.

[119] 陈金刚,陈庆发.煤岩力学性质对其基质自调节能力的控制效应[J].天然气工业,2005,25(2):140-142.

[120] 陈金刚,刘大全,张景飞.充填介质对裂隙渗流影响的实验研究[C]//唐洪武,李桂芬,王连祥.水力学与水利信息学进展 2007.南京:河海大学出版社,2007:426-430.

[121] 陈金刚,张世雄.裂隙充填物对边坡渗流的控制效应[J].工程勘察,2005(2):9-12.

[122] 陈金刚,张世雄,黄志伟.煤基质收缩性能力的内在控制因素[J].武汉理工大学学报,2004,26(11):67-70.

[123] 陈鹏.中国煤炭性质、分类和利用[M].北京:化学工业出版社,2001.

[124] 周世宁,孙辑正.煤层瓦斯流动的理论及应用[J].煤炭学报,1965,2(1):24-37.

[125] 周世宁.瓦斯在煤层中流动的机理[J].煤炭学报,1990,15(1):15-24.

[126] 周创兵,熊文林.论岩体的渗透特性[J].工程地质学报,1996,4(2):69-74.

[127] 周宏伟.孔隙介质渗流过程的细观实验与理论研究[D].北京:中国矿业大学北京校区,1998.

[128] 周志成,王念喜,段春生.煤层水在煤层气勘探开发中的作用[J].天然气工业,1997,19(4):23-25.

[129] 周维垣.高等岩石力学[M].北京:水利电力出版社,1990.

[130] 孟召平.煤层顶板沉积岩结构及其对顶板稳定性的影响[D].北京:中国矿业大

学北京校区,1998.

[131] 岩心常规分析方法. SY/T 5336—1996. 中华人民共和国石油天然气行业标准[S].

[132] 岳晓燕,谭世君,吴东平. 煤层气数值模拟的地质模型与数学模型[J]. 天然气工业,1998,18(4):17-21.

[133] 林伯泉. 含瓦斯煤体变形和渗透性的实验研究[M]. 徐州:中国矿业大学,1987.

[134] 林柏泉,周世宁. 含瓦斯煤体变形规律的实验研究[J]. 中国矿业学院学报,1986(3):9-16.

[135] 林柏泉,周世宁. 煤样瓦斯渗透率的实验研究[J]. 中国矿业学院学报,1987(1):21-28.

[136] 罗平亚,等. 低压低渗透气饱和煤层的应力敏感性及解吸渗流机理[J]. 中国煤层气,1999(3):34-37.

[137] 罗新荣. 煤层瓦斯运移物理与数值模拟分析[J]. 煤炭学报,1992,17(2):49-55.

[138] 姚宇平,周世宁. 含瓦斯煤的力学性质[J]. 中国矿业学院学报,1988(2):1-7.

[139] 姚宇平. 含瓦斯煤的力学性质[M]. 徐州:中国矿业大学,1987.

[140] 姜德义,张光洋,胡耀华,等. 有效应力对煤层气渗透率影响的研究[J]. 重庆大学学报,1997,20(5):22-24.

[141] 段连秀,王生维,张明. 煤储层中裂隙充填物的特征及其研究意义[J]. 煤田地质与勘探,1999,27(3):33-35.

[142] 段康廉,张文,胡耀青. 应力与孔隙水压对煤体渗透性的影响[J]. 煤炭学报,1993,18(4):43-50.

[143] 胡朝元,孔志平,廖曦. 油气成藏原理[M]. 北京:石油工业出版社,2002.

[144] 赵阳升,胡耀青,杨栋. 三维应力下吸附作用对煤岩体气体渗流规律影响的实验研究[J]. 岩石力学与工程力学,1999,18(6):651-653.

[145] 赵阳升,胡耀青. 孔隙瓦斯作用下有效应力规律的实验研究[J]. 岩土工程学报,1995,17(3):26-31.

[146] 赵阳升. 矿山岩石流体力学[M]. 北京:煤炭工业出版社,1994:57-65.

[147] 赵阳升. 煤体—瓦斯耦合数学模型及数值解法[J]. 岩石力学与工程力学,1994,13(3):229-239.

[148] 骆祖江,付延玲,王增辉. 非饱和带水气两相渗流动力学模型[J]. 煤田地质与勘探,1999,27(5):43-45.

[149] 骆祖江,杨锡禄. 煤层甲烷气藏数值模型[J]. 煤田地质与勘探,1997,25(2):28-30.

[150] 骆祖江. 煤层甲烷运移动力学研究[D]. 西安:煤科院西安勘探分院,1997.

[151] 唐书恒. 煤储层渗透性影响因素探讨[J]. 中国煤田地质,2001,13(1):28-31.

[152] 徐志斌,云武,王继尧. 晋中南中新生代构造应力场演化及其动力学分析[J]. 地学前缘,1998(5):152-160.

[153]　秦勇,叶建平,林大扬,等.煤储层厚度与其渗透性及含气性关系初步探讨[J].煤田地质与勘探,2000,28(1):24-27.

[154]　秦勇,宋党育.山西南部煤化作用及其古地热系统——兼论煤化作用的控气地质机理[M].北京:地质出版社,1998.

[155]　秦勇,张德民,傅雪海,等.沁水盆地中—南部现代构造应力场与煤储层物性关系之探讨[J].地质论评,1999,45(6):576-583.

[156]　秦勇,徐志伟.高煤级煤孔径结构的自然分类及其应用[J].煤炭学报,1995,20(3):266-271.

[157]　秦勇,桑树勋,傅雪海,等.沁水盆地南部枣园区地质构造专题研究[R],2001.

[158]　秦勇,傅雪海,韦重韬,等.沁水盆地中—南部煤层气成藏条件[R],1999.

[159]　秦勇,傅雪海,叶建平,等.中国煤储层岩石物理学因素控气特征及机理[J].中国矿业大学学报,1999,28(1):14-19.

[160]　秦勇,曾勇.煤层甲烷储层评价及生产技术[M].徐州:中国矿业大学出版社,1996.

[161]　秦勇.中国高煤级煤的显微岩石学特征及结构演化[M].徐州:中国矿业大学出版社,1994.

[162]　秦积舜.变应力条件下低渗透砂岩储层渗流模型及应用研究[D].北京:中国矿业大学北京校区,2002.

[163]　郭德勇,韩德馨,冯志亮.围压下构造煤的孔隙度和渗透率特征实验研究[J].煤田地质与勘探,1998,26(4):31-34.

[164]　钱凯,赵庆波,汪泽成,等.煤层甲烷气勘探开发理论与实验测试技术[M].北京:石油工业出版社,1996.

[165]　曹代勇,关英斌,张杰林,等.沁水煤田东部构造特征研究[M].重庆:重庆大学出版社,1996.

[166]　曹代勇,钱光谟,关英斌,等.晋获断裂带发育对煤矿区构造的控制[J].中国矿业大学学报,1998,27(1):5-8.

[167]　曹立刚,郭海林,顾谦隆.煤层气排采过程中各排采参数间关系的探讨[J].中国煤田地质,2000,12(1):31-35.

[168]　梁亚林,陈继亮.用数字测井资料预测煤储层渗透率和储层压力[J].煤田地质与勘探,2000,28(6):30-31.

[169]　章梦涛,等.煤岩流体力学[M].北京:科学出版社,1995.

[170]　傅雪海,李大华,秦勇,等.煤基质收缩对渗透率影响的实验研究[J].中国矿业大学学报,2002,31(2):129-131.

[171]　傅雪海,秦勇,姜波,等.煤割理压缩实验及渗透率数值模拟[J].煤炭学报,2001,26(6):573-577.

[172]　傅雪海,秦勇,等.现代构造应力场中煤储层孔裂隙应力分析与渗透率研究[J].地球学报,1999,20(增刊):623-627.

[173]　傅雪海.多相介质煤岩体物性的物理模拟与数值模拟[D].徐州:中国矿业大

学,2001.

[174] 彭担任,罗新荣,隋金峰. 煤与岩石的渗透率测试研究[J]. 煤,1999,8(1):16－18.

[175] 韩德馨,任德贻,王廷斌,等. 中国煤岩学[M]. 徐州:中国矿业大学出版社.1996.

[176] 煤炭科学研究学院西安分院. 全国煤层气资源评价报告[R],2000.

[177] 煤炭科学研究学院西安分院. 华北聚含煤区煤层气资源评价及选区报告[R],2000.

[178] 赖特迈尔 C T,G E 埃迪,J N 基尔. 美国的煤层甲烷资源[M]. 北京:地质出版社,1990.

[179] 蔚远江,杨起,刘大锰,等. 我国煤层气储层研究现状及发展趋势[J]. 地质科技情报,2001,20(1):56－60.

[180] 蔡美峰. 地应力测量原理和技术(修订版)[M]. 北京:科学出版社,2000.

[181] 赫琦. 煤的显微孔隙形态特征及其成因探讨[J]. 煤炭学报,1987,12(4):51－57.

[182] 樊生利. 沁水盆地南部煤层气勘探成果与地质分析[J]. 天然气工业,2001,21(4):35－38.

[183] 樊明珠,王树华. 高变质煤区的煤层气可采性[J]. 石油勘探与开发,1997,24(2):87－90.

[184] 樊明珠,王树华. 煤层气勘探开发中的割理研究[J]. 煤田地质与勘探,1997,25(1):29－32.

[185] 樊明珠,王树华. 影响煤层气可采性的主要地质参数[J]. 天然气工业,1996,16(6):53－57.

[186] 霍永忠,张爱云. 煤层气储层的显微孔裂隙成因分类及其应用[J]. 煤田地质与勘探,1998,26(6):28－32.